JN205911

最初からそう教えてくれればいいのに！

図解！
Git & GitHubの
ツボとコツが
ゼッタイに
わかる本

［第2版］

**株式会社
ストーンシステム** 著

秀和システム

はじめに

　今やソフトウェア開発では欠かすことのできないGit、GitHubですが、ソフトウェア開発に限らず、Webデザインや文書作成においても利用可能です。

　Gitはバージョンを管理するツールであり、GitHubはGitの機能を内包するソフトウェア開発のためのプラットフォームです（Web上でファイルのバージョンを管理しながら共有し、共同作業を行う場を提供します）。

　また、Gitは複数メンバーで共同作業を行うとき非常に効率的にバージョン管理を行うことができ、ぜひ使いこなしたいツールの一つと言えます。

　そんなGitですが、乗り越えるべき壁が大まかに2つあると考えます。

　まず、なんとなく使えるようになるまでのわかりづらさの壁。

　その次に、なんとなくの理解で使っていて複雑な状況になったときにお手上げになってしまう壁。

　どの壁も、なんとなくの理解ではなく、自分が今何をやっているのかを正しく理解することが、壁を乗り越えるポイントになってきます。

　実際、GitやGitHubはなんとなくで使うこともできる便利なツールですが、使い方によってはプロジェクトを大混乱に陥れることも可能なツールですので、なんとなくの理解ではなく、一から順を追って理解しながら学ぶことが大切です。

　第2版では、各ツールについて最新バージョンの情報に更新し、本書の内容をよりわかりやすくお伝えするため解説コメントを加筆しました。

株式会社ストーンシステム

本書の構成

Chapter01、Chapter02を通して必要最低限の知識でGitを使えるように学んでいきます。

Chapter01……Git & GitHubのイメージをつかもう
Chapter02……Gitをはじめる準備をしよう

そしてChapter03、Chapter04で実際に手を動かしながらGitとGitHubについて基本的な機能や操作方法を学んでいきます。

Chapter03……Gitを使ってファイルの変更を管理してみよう
Chapter04……GitHubを利用してプロジェクトを管理してみよう

最後にChapter05で、実際の開発をイメージしたGitとGitHubの使い方を一緒に学びます。

Chapter05……開発現場でのGit/GitHubの運用を体験してみよう

本書では、図解をふんだんに用いながら、なるべくイメージしやすいような形で解説していきますので、十分に理解を深めていただくことができれば幸いです。

Chapter
01

Git & GitHubの
イメージをつかもう

Chapter

02

Gitをはじめる 準備をしよう

Chapter 03 Gitを使ってファイルの変更を管理してみよう

GitHubを利用して
プロジェクトを
管理してみよう

Chapter 04

Chapter
05
開発現場での
Git/GitHubの
運用を体験してみよう

Chapter

01

↓

Git & GitHubの
イメージをつかもう

Gitとは

 ## Gitはバージョン管理システム

　今回紹介するGitは、バージョン管理システムの一つです。バージョン管理システムとは、「ファイルの集合に対して時間とともに加えられていく変更を記録し、後で特定のバージョンを呼び出すシステム」のことをいいます。

　ファイルの集合は、ある一つのディレクトリ（ファイルを保管・整理する場所）内にあるファイル・ディレクトリ全体を指します。ソースコードはファイルですので、複数のソースコードの集合であるソフトウェアもファイルの集合です。「時間とともに加えられていく変更を記録」は、ファイルの編集者によってファイルを追加、編集、削除することで生じるファイルの変更を記録することを指します。

　Gitは無料かつオープンソース（ソースコードが無償で一般公開されており、誰でも利用できる形態）のバージョン管理システムであり、世界中のエンジニアがGitを活用してバージョン管理を行っています。

　https://git-scm.com/

Git公式サイト

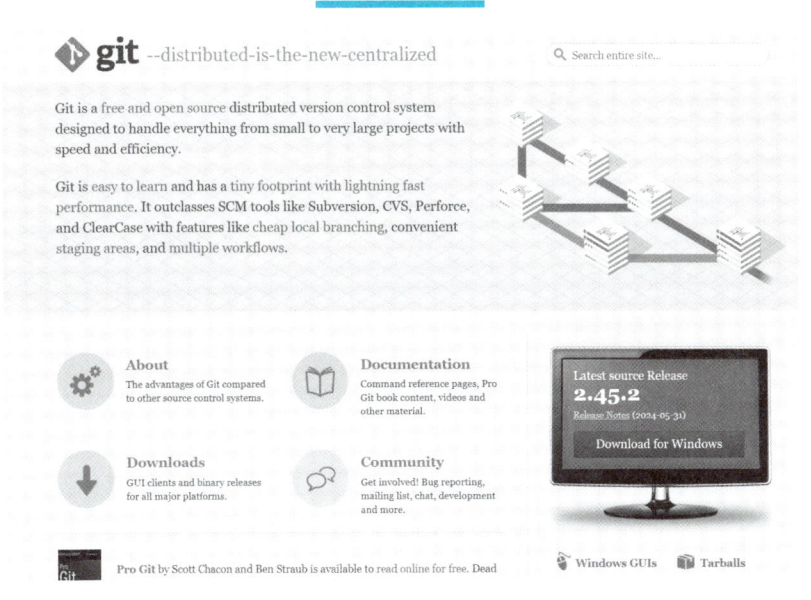

無料で誰でも利用する
ことが出来るよ！

　GitはLinuxカーネル（代表的なオペレーティングシステムのひとつであるLinuxの基本機能を担うソフトウェア）の開発者であるリーナス・トーバルズ氏によって、Linuxカーネル開発を行う際のバージョン管理のために2005年に開発されました。

　Gitはもともとソフトウェア開発のために作られたシステムなので、一般的にソフトウェア開発でのバージョン管理を目的として使われることが多いですが、プログラムソースコードに限らず、テキストデータ全般のバージョン管理に長けているため、ソフトウェア開発以外でも、例えばドキュメント作成や執筆など、様々な用途において活用することができます。

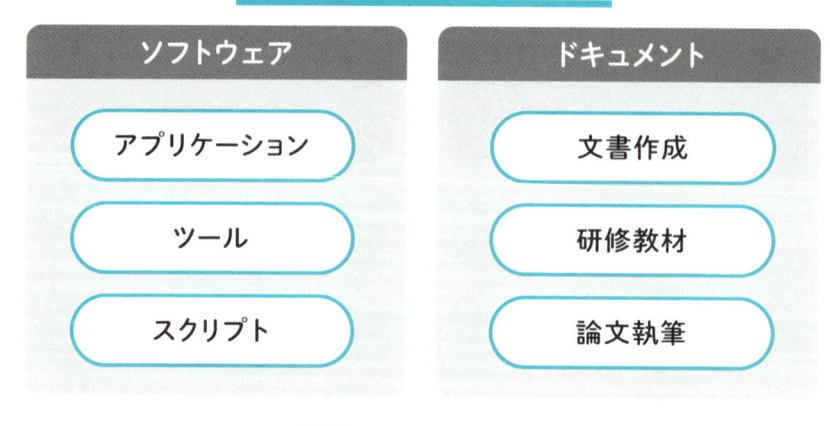

Gitで管理できる様々なファイル

ソフトウェア	ドキュメント
アプリケーション	文書作成
ツール	研修教材
スクリプト	論文執筆

この本の原稿もGitで
バージョン管理しているよ

なぜバージョン管理をするのか?

コンピュータ上でファイルを扱っていると、変更前の状態と変更後の状態を分けて保存する必要に迫られる場合があります。例えばレポートを書いていて、一度提出したけれど修正が必要になったとき、元のファイルをそのまま上書き保存してしまうと、変更前の内容はなくなってしまいます。もししばらく経ったあとに変更前の状態に戻したいと思っても、なくなってしまったものは戻すことができません。

そんなとき、ファイル名の前後に日付や連番などを付加して、元ファイルはそのままにしたうえで、新しいファイルとして保存すれば、変更前の状態と、変更後の状態をそれぞれ別のファイルで保存することができます。これはバージョン管理のシンプルな方法です。

ファイル名に識別子を付加することでバージョン管理するイメージ

名前

📄 report_20220106.txt
📄 report_20220213.txt
📄 report_20220217_01.txt
📄 report_20220217_02.txt

シンプルだけどわかり
やすい方法だよ

　アプリケーションによってはそれ自体が内部でバージョン管理
機能を提供するものもありますし、また最近では、Google Drive、
iCloud や Dropbox などのオンラインストレージサービス上でファイ
ルを管理することも多いですが、そういったサービスでは「バージョ
ン履歴」などの名称でファイルに対するバージョン管理機能を提供し
ており、無意識のうちにバージョン管理を利用していたということ
も少なくありません。

Google Drive のバージョン履歴機能

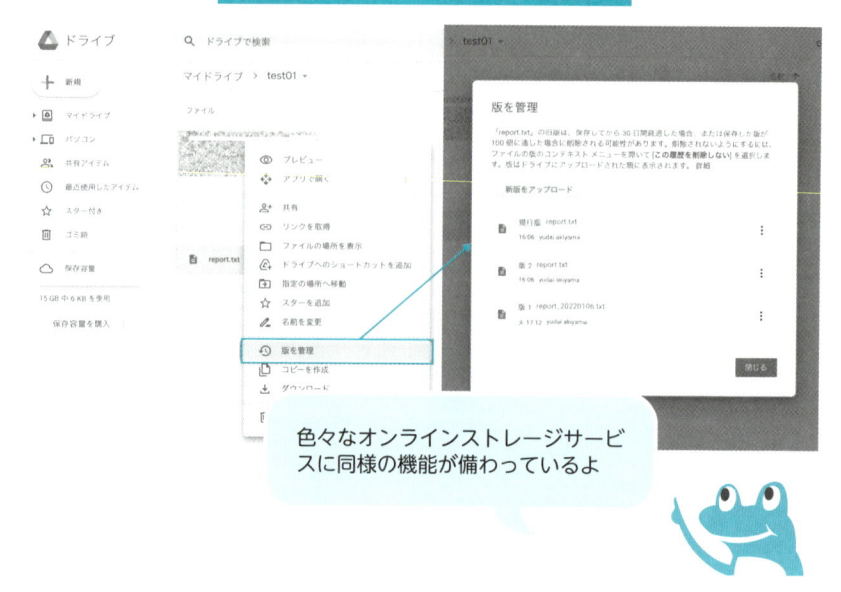

単一のファイルを一人で編集するだけであれば、このような形の
バージョン管理でも事足りるかもしれませんが、ファイル数が増え
てきたり、複数人で編集を行ったりする場合、色々と不都合が出て
きます。特にソフトウェア開発において、小さなプロジェクトで
あっても管理対象のファイルが数十、数百になることは少なくなく、
複数人で開発を行うことも多々あります。そんなとき、バージョン
管理システムの出番となります。

複数ファイル、複数編集者の場合は
バージョン管理システムを使ったほうがいい

複数の人が、複数のファイルを編集すると…

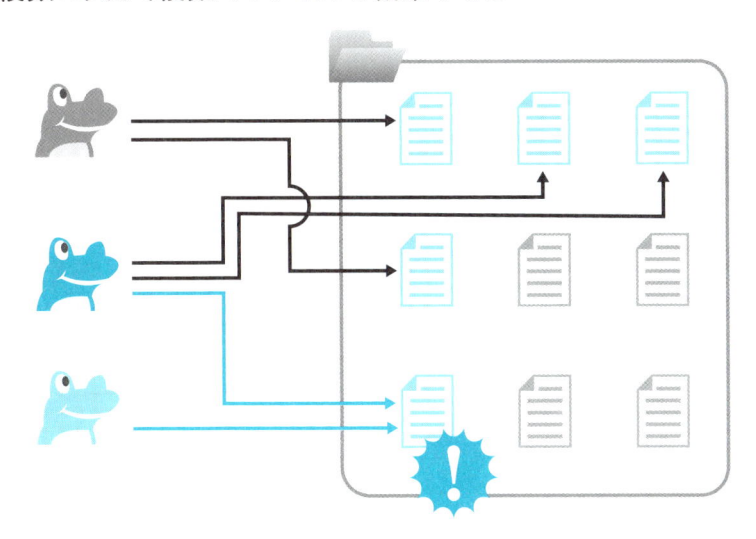

同じファイルを上書きしてしまうことも！

こんなときはバージョン
管理システムを使おう!

バージョン管理の種類

3種類のバージョン管理システム

　ソフトウェア開発において、バージョン管理は非常に重要です。

　バージョン管理システムを用いたバージョン管理の方式は、その歴史とともに大きく3つの方式をたどりました。ここでは大まかに以下の3つのバージョン管理方式を取り上げ、その概要を説明します。

3つのバージョン管理方法とその代表的なシステム名

ローカルバージョン管理システム
- Source Code Control System (SCCS) / 1972年
- Revision Control System (RCS) 　　 / 1982年
- …

集中バージョン管理システム
- Concurrent Versions System (CVS) / 1990年
- Subversion (SVN) 　　　　　　　　 / 2000年
- …

分散バージョン管理システム
- BitKeeper 　　　　　　　　　　　　 / 2000年
- Bazaar 　　　　　　　　　　　　　 / 2007年
- Git 　　　　　　　　　　　　　　　 / 2005年

1970年代から
バージョン管理
システムは存在
したんだね

1. ローカルバージョン管理システム
2. 集中バージョン管理システム
3. 分散バージョン管理システム

　これらはあくまでも背景知識ですが、Gitの仕組みを理解するうえ
で、知っておくとよりGitへの理解を深めることができるはずです。

ローカルバージョン管理システム

　ローカルバージョン管理システムは、バージョン管理下のファイ
ルをすべてローカルコンピュータ（ネットワークを介さず、直接操
作するコンピュータ）上のデータベースに保存する方式をとります。
これは最初期のバージョン管理システムで取られていた方法であり、
非常にシンプルでわかりやすいバージョン管理システムと言えます
が、複数人でファイル管理を行う場合に同一のローカルコンピュー
タを使用する必要があるなど、現代的な開発環境からするとデメ
リットが多い方式と言えます。

　1972年に開発されたSource Code Control System（SCCS）や、
1982年に開発されたRevision Control System（RCS）は、ローカル
バージョン管理システムです。

ローカルバージョン管理システム

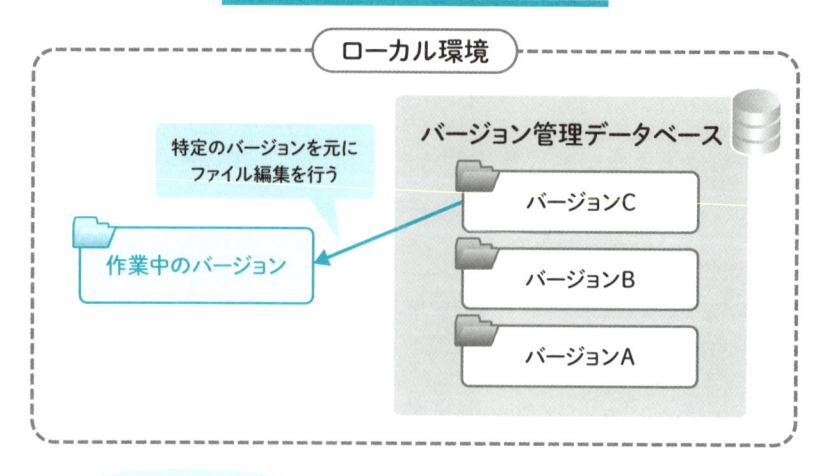

ローカル環境

特定のバージョンを元に
ファイル編集を行う

バージョン管理データベース

バージョンC

作業中のバージョン

バージョンB

バージョンA

最初期のバージョン管理
システムだよ!

集中バージョン管理システム

　集中バージョン管理システムは、バージョン管理下のファイルおよびバージョン履歴をすべて持つ1つのサーバと、そのサーバに複数のクライアントが接続してファイルを取得する構成のシステムです。バージョン管理下のファイルはサーバに存在するため、複数コンピュータでの共同作業が可能であり、集中バージョン管理システムはコンピュータシステムの発展に伴い、標準的な方式となりました。欠点として、中央集権的なサーバを中心としたシステムであるため、単一障害点（障害が発生するとシステム全体が機能しなくなる点、ここではサーバ）を持ち、サーバのデータが失われた場合、バックアップを取っていない場合に復元が困難になるという点が挙げられます。

　1990年に開発されたConcurrent Versions System（CVS）や、2000年に開発されたSubversion（SVN）は、集中バージョン管理システムです。

集中バージョン管理システム

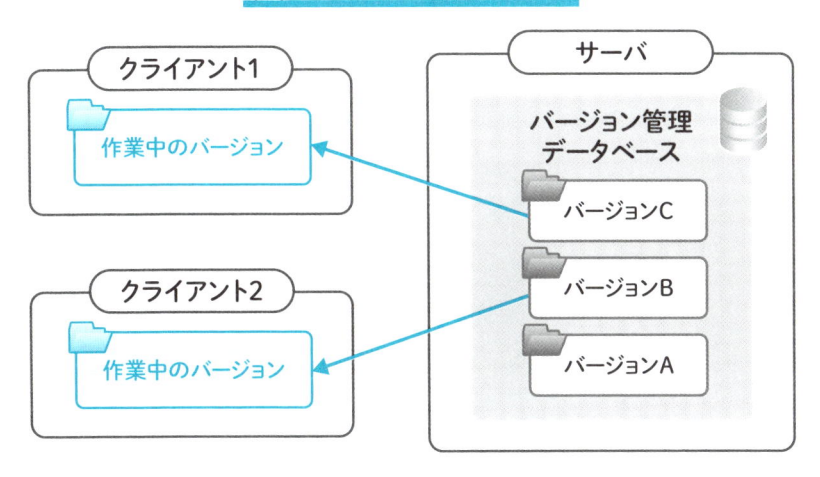

複数コンピュータでの共同作業が可能な
バージョン管理システムだよ!

 分散バージョン管理システム

　分散バージョン管理システムは、バージョン管理下のファイルお
よびバージョン履歴をすべて持つ1つのサーバに複数のクライアント
が接続するという点で、集中バージョン管理システムと同じですが、
異なる点として、クライアントがサーバのバージョン管理下のファ
イルおよびバージョン履歴のすべてを保持します。そのため、例え
ばサーバのデータが失われた場合でも、いずれのクライアントも
サーバが持っていたデータをすべて保持しているため、リカバリー
が可能です。

　2000年に開発された**BitKeeper**や、2007年に開発された**Bazaar**
は、分散バージョン管理システムです。

分散バージョン管理システム

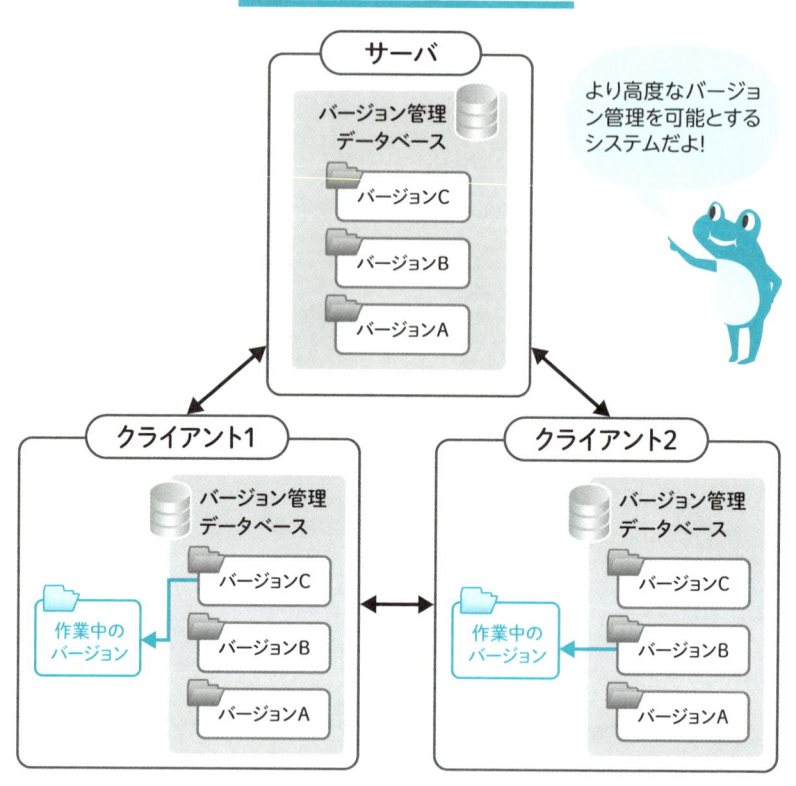

Gitは分散バージョン管理システム

本書で取り扱うGitは、分散バージョン管理システムです。柔軟であり、高速であり、堅牢であることを強みとする、高機能なバージョン管理システムです。

Gitの位置付け

ローカルバージョン管理システム
- Source Code Control System（SCCS）/ 1972年
- Revision Control System（RCS）　　/ 1982年
- …

集中バージョン管理システム
- Concurrent Versions System（CVS）　/ 1990年
- Subversion（SVN）　　　　　　　　/ 2000年
- …

分散バージョン管理システム
- BitKeeper　　　　　　　　　　　/ 2000年
- Git　　　　　　　　　　　　　　/ 2005年
- Bazaar　　　　　　　　　　　　/ 2007年

Gitは分散バージョン管理システムの
うちの一つだよ!

Gitの歴史

GitはLinuxカーネルのバージョン管理用に作成されたツールです。初期のLinuxカーネルの開発では、バージョン管理システムは導入されておらず、メールなどを使ってファイルがやり取りされていました。それぞれの開発者から送られてくるファイルの変更を管理者が統合し、競合などの問題が発生した場合には、それを開発者に伝えて関連するファイル一式を送り返していました。Linuxカーネルは非常に大きなプロジェクトであり、統合作業や開発者とのやり取りに膨大な時間と労力を要したため、解決手段として、バージョン管理システムが導入されました。最初にBitKeeperというバージョン管理システムが導入されましたが、利用規約などの問題により、継続して使用することが困難になってしまい、様々な代替手段が検討されましたが、満足のいくものが見つからなかったため、最終的にLinuxカーネルの開発者であるリーナス・トーバルズ氏自身の手でGitが開発されました。開発の際には、以下の点に重点が置かれました。

・処理速度
・シンプルな設計
・並行作業への強力なサポート
・完全な分散管理
・大規模プロジェクトを効率的に取り扱い可能

2005年の誕生以降、Gitは、初期の品質を維持しつつ、より使いやすく発展を遂げてきました。現在では、Linuxカーネルの開発以外にも様々なプロジェクトで利用されるようになり、今日のソフトウェア開発では欠かせないツールの一つとなっています。

Gitでできること

バージョン管理する場所を作成する - リポジトリ

Gitは、プロジェクト全体（＝ファイルの集合）を1つのスナップショットとして記録していきます。スナップショットは、ある時点におけるファイルやディレクトリ構造すべてを保存したものです。そのスナップショットや、バージョン管理に必要なその他のファイルを保存する場所を**リポジトリ**（repository）といいます。リポジトリは通常プロジェクトのルートディレクトリ（プロジェクトを構成するディレクトリ階層において最上層のディレクトリ）に**.git**という名前で配置されます。

リポジトリのイメージ

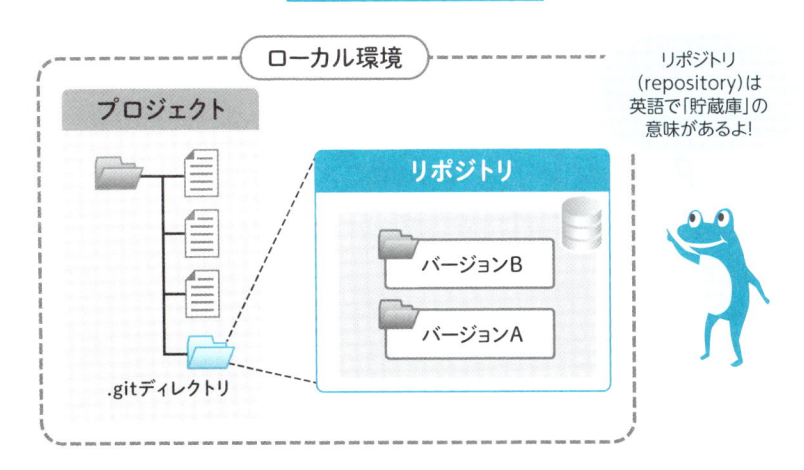

ファイルの変更履歴を記録する – コミット

　記録したスナップショットのそれぞれを**コミット**（commit）といいます。また、スナップショットを記録する操作のことも**コミット**（commit）といいます（日本語ではコミット操作を行うことを**コミットする**と言うことが一般的です）。

　コミット操作を行うと、プロジェクト内のファイルのすべてがスナップショットとしてリポジトリ内に保存されます。このとき、作成したコミットや保存したファイルにはハッシュ値（コミットやファイルを一意に識別するための値）が割り当てられ、コミットはファイルへのハッシュ値の参照を持つことになります。

　どれか一つのコミットを選択すれば、瞬時にプロジェクト全体をそのスナップショットの状態に戻すことができます。

コミットのイメージ

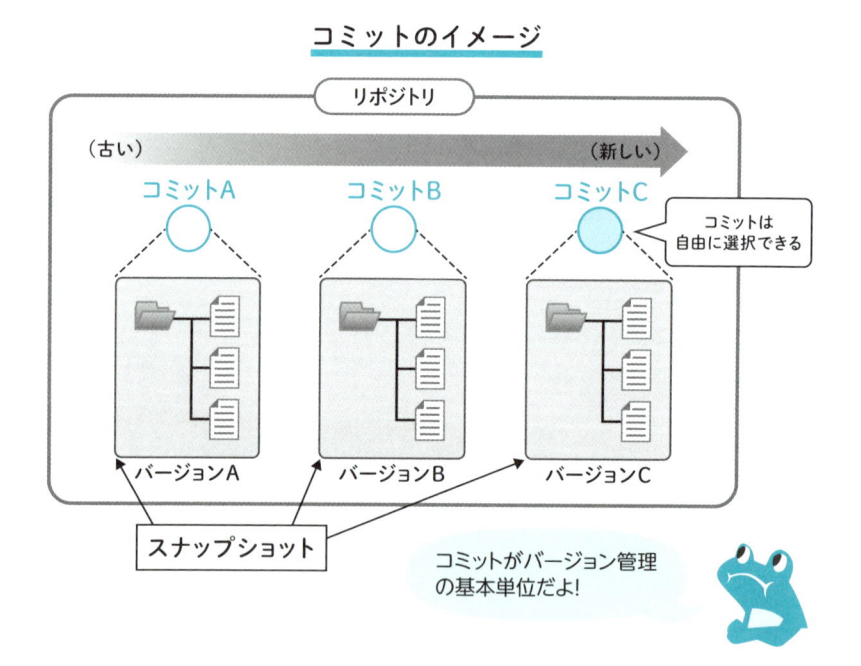

　記録されたコミットはプロジェクト全体のスナップショットであり、またコミット操作は頻繁に行う操作のため、大量のコミットをリポジトリが保持することになりますが、コミットはあくまでファイルへの参照であり、変更がないファイルについては以前の参照から変化しないため、変更のないファイルまでもがコミットごとに重複して保存されるということはありません。ファイルに変更がない限り、複数のコミットが同一のハッシュ値を持つファイルを参照することになります。このように無駄がない仕組みになっています。

ファイルへの参照のイメージ

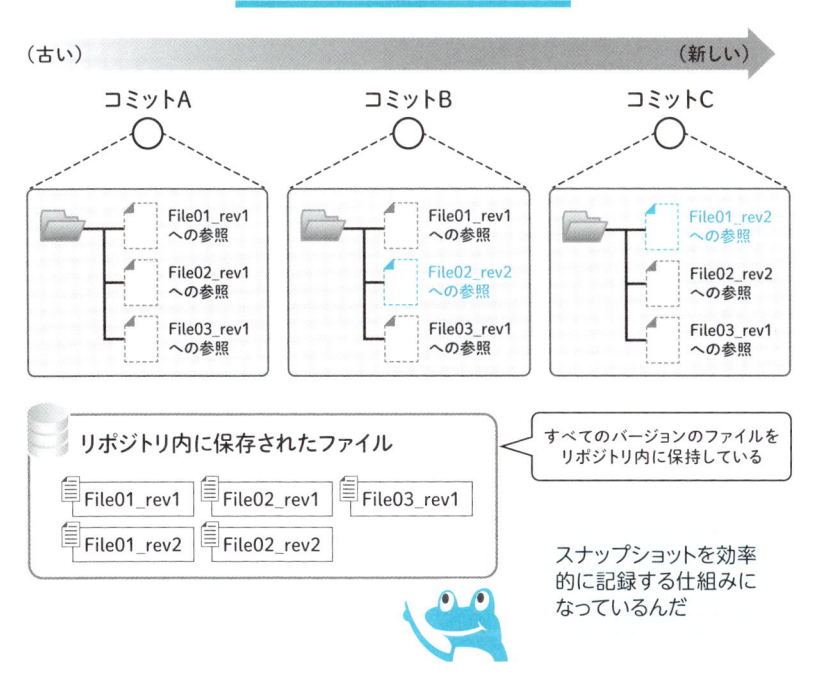

変更履歴を分岐させる - ブランチ

　全てのコミットには、その一つ前のコミットがどのコミットであるかを指し示すハッシュ値が記録されています（すべてのスナップショットは、他のどのスナップショットの次に作られたものなのかがわかる、と言い換えることができます）。ですので、コミットをたどっていけば、一番最初に行ったコミットまで遡ることが可能です。

　また、コミットは枝分かれさせることができます。あるコミットの次に作られるコミットが一つとは限らないのです（並行世界を作るかのように、スナップショットを枝分かれさせることができます）。

　この枝分かれを**ブランチ**（branch）と呼びます。ブランチは複数作成することができ、それぞれが特定のコミットを指し示します。そして、コミットは前のコミットを先祖までたどることができるため、ブランチはコミットとコミットを線でつないだかのような形を構成します。

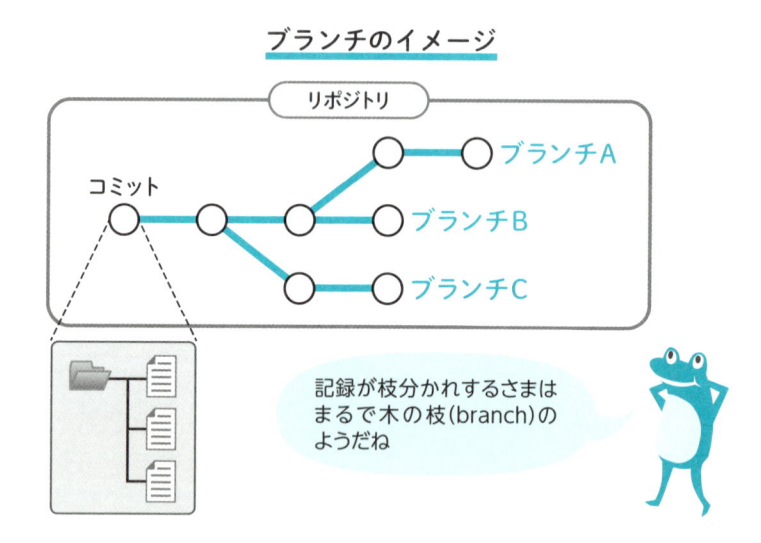

ブランチのイメージ

記録が枝分かれするさまはまるで木の枝(branch)のようだね

　また、まったく枝分かれしない状況であっても必ず一つブランチが存在します（その場合コミットを繋ぐ線は1本線になります）。Gitを使用してバージョン管理する際は、常にいずれかのブランチ上で作業を行います。コミット操作は、この作業中のブランチに対して行われます。

1本線のブランチのイメージ

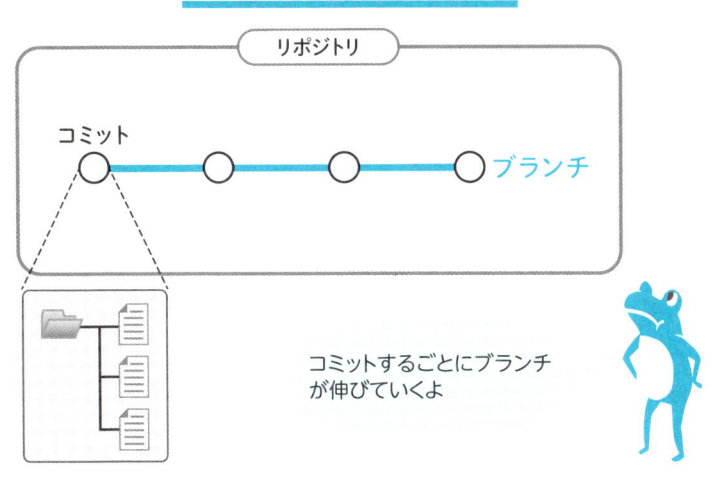

　また、枝分かれしたブランチは統合することができます。この統合操作のことを**マージ**（merge）といいます（並行世界をひとつの世界にまとめるようなイメージです）。別々に枝分かれしたそれぞれのスナップショットが一つにまとまって新しいスナップショットが作られるため、マージの際にはコミットが作られます（特定の条件下では作られないこともあります）。

　このため、さまざまな状態の記録を作成することができます。

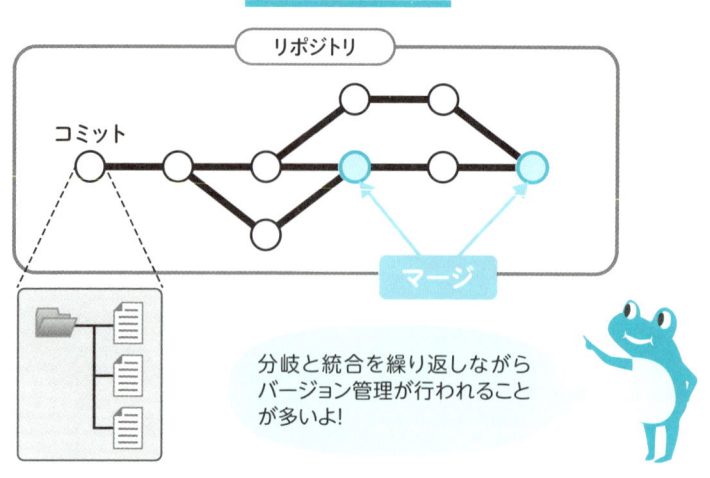

マージのイメージ

分岐と統合を繰り返しながらバージョン管理が行われることが多いよ!

複数人でリポジトリを共有する − リモートリポジトリ

　Gitは分散バージョン管理システムであるため、スナップショットや、バージョン管理に必要なその他のファイルを保存するリポジトリを、インターネット上あるいはその他のネットワーク上に作成することができ、複数人により共同でバージョン管理を行うことができます。このようなインターネット上またはその他のネットワーク上のリポジトリを**リモートリポジトリ**といいます。また、リモートリポジトリに対して、自分の手元の環境にあるリポジトリを**ローカルリポジトリ**といいます。

　一つのリポジトリに対して、リモートリポジトリを複数設定することができます。

リモートリポジトリのイメージ

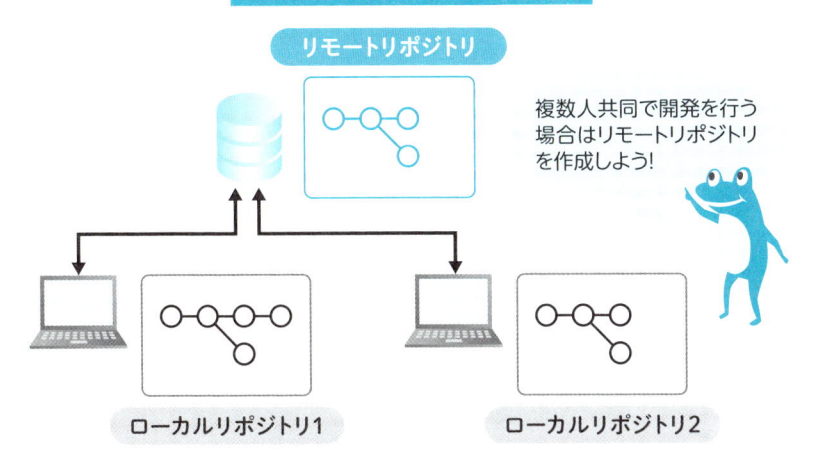

通常のシステム開発では、作成したリモートリポジトリをローカルリポジトリにコピーしてきたあと、ローカルリポジトリに対して行ったコミットをリモートリポジトリに反映させます。また、他の人がリモートリポジトリに対して行った変更をローカルリポジトリに反映させることも通常行います。

それぞれの操作には名前がついており、リモートリポジトリをローカル環境にコピーする操作をクローン（clone）、ローカル環境（ブランチ）に加えた変更をリモートリポジトリ（のブランチ）に反映させることを**プッシュ**（push）、リモートリポジトリの変更を取得し、ローカル環境（ブランチ）に反映させることを**プル**（pull）、といいます。

それぞれの操作についての詳細は、後の章で説明します。

リモートリポジトリの操作

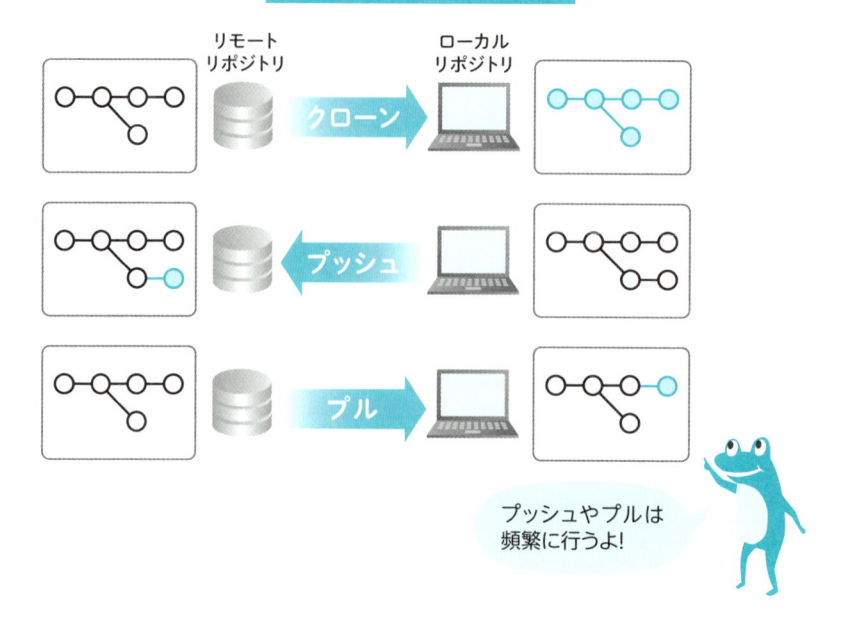

リモートリポジトリを作成する場合、自前でサーバを用意し、そこに作成することもできますが、一般的にはGitホスティングサービスを利用することが多いです。Gitホスティングサービスとは、自前でサーバを用意せずとも、クラウド環境でGitによるバージョン管理を提供してくれるサービスのことを指します。このGitホスティングサービス上でリモートリポジトリを作成し、Gitによる分散バージョン管理を行います。

本書で紹介するGitHubはGitホスティングサービスです。また、他にもBitbucketやGitLab、backlogなど、様々なサービスが存在します。

Gitホスティングサービス

GitHub　Bitbucket

backlog　GitLab

Gitホスティング
サービスを活用
しよう!

　次にGitの概要を4つの図にわけて説明します。

Git概要図

● Git図解1

Git

Gitは、プロジェクト全体を1つのスナップショットとして記録していく。スナップショットはプロジェクト内に作成されるリポジトリ（.gitディレクトリ）に保存される。

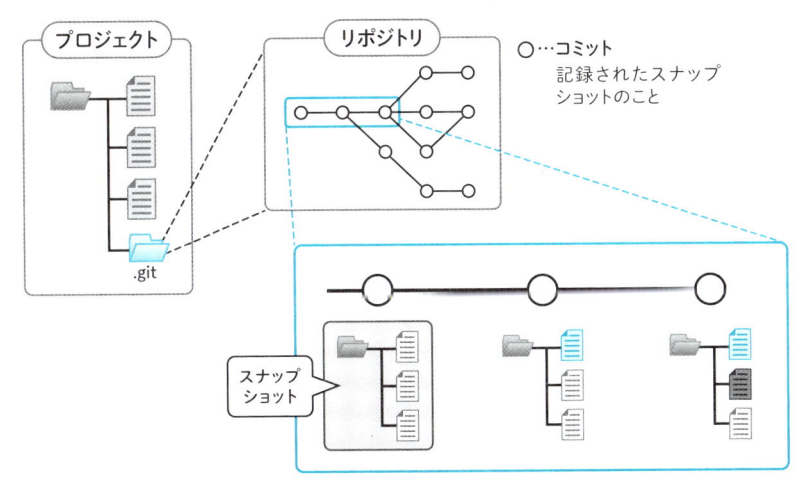

ブランチ・マージ

記録の枝分かれのことをブランチという。コミットの作成は作業中のブランチに対して行われる。ブランチの作成とマージを繰り返して、さまざまな状態の記録を作成していく。

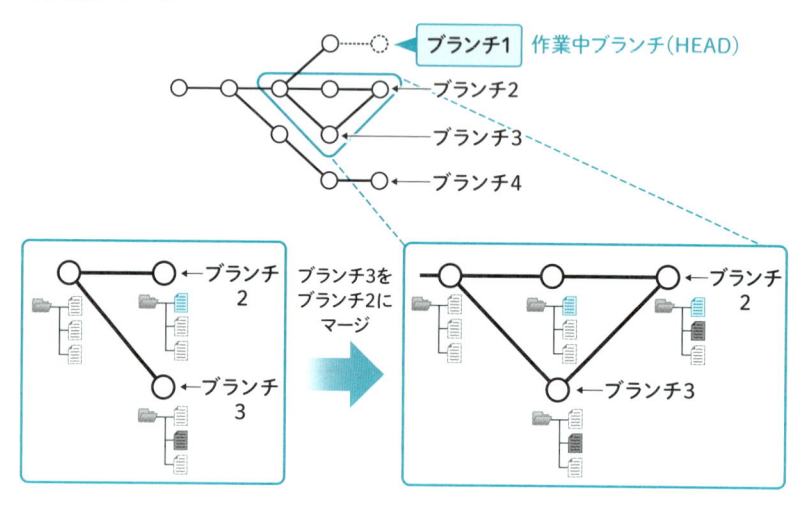

たくさんのブランチがあるときは、作業中のブランチを間違えないようにしよう！

● Git図解3

リモートリポジトリ

インターネット上あるいはその他ネットワーク上のどこかに存在するプロジェクトのこと。3種類の操作を行うことで作業を分担し、共同作業を行う。

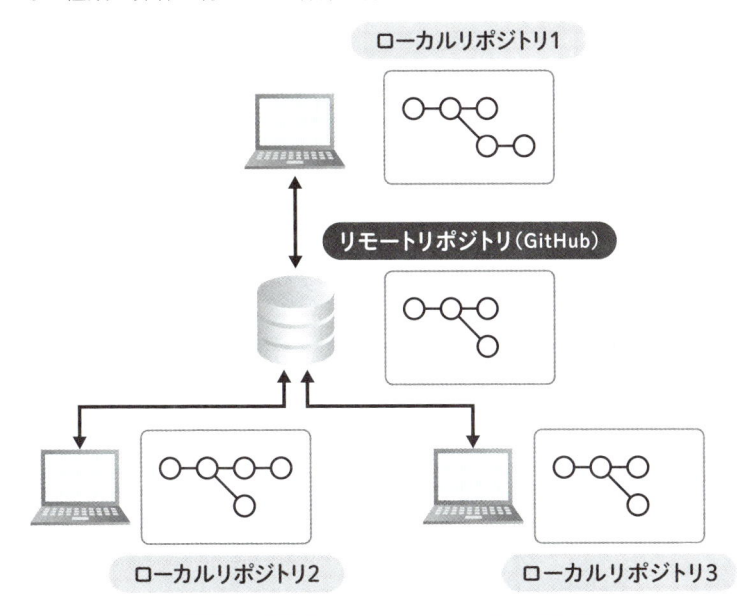

リモートへの反映を忘れたままうっかりローカルブランチを削除しないよう気をつけて！

リモートへの操作

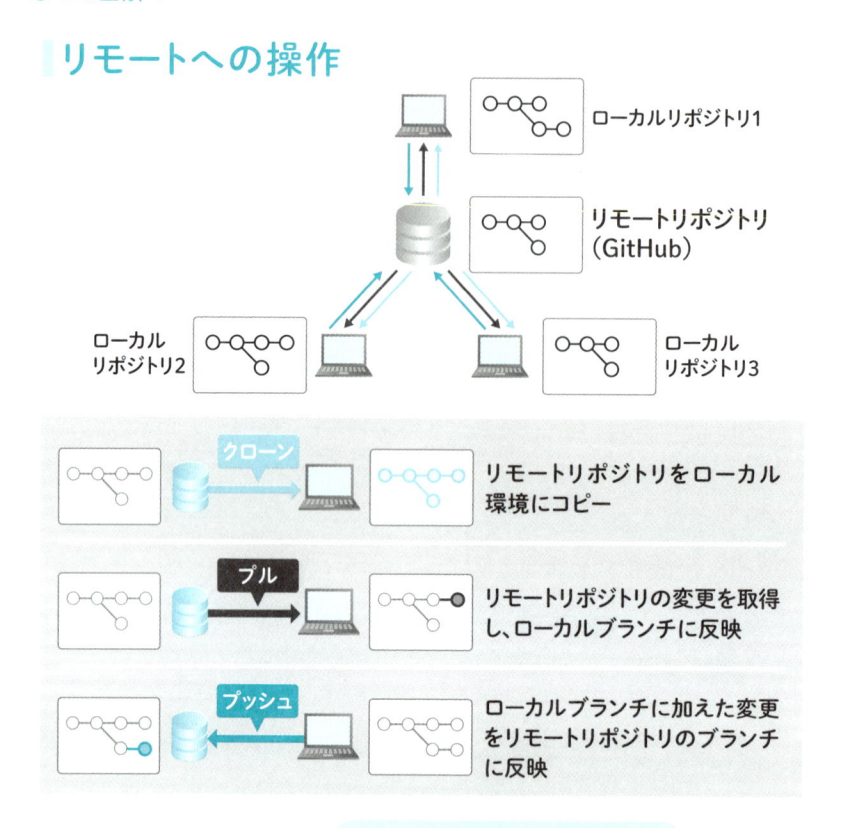

ローカルリポジトリ1

リモートリポジトリ
（GitHub）

ローカル
リポジトリ2

ローカル
リポジトリ3

クローン	リモートリポジトリをローカル環境にコピー	
プル	リモートリポジトリの変更を取得し、ローカルブランチに反映	
プッシュ	ローカルブランチに加えた変更をリモートリポジトリのブランチに反映	

リモートから変更を引っ張って
くるときはプル（pull）だよ！

GitHub とは

 ## GitHub はソフトウェア開発のプラットフォーム

　GitHubは、2008年にサービスを開始したソフトウェア開発のためのプラットフォームです。2018年にマイクロソフトが買収し、以降傘下となりました。

　GitHubが提供する機能として、ソースコードのバージョン管理はもちろんのこと、複数人でソフトウェア開発を行うにあたって有用なものが多数あります。GitHubには無料のプランと有料のプランが用意されており、プランによって利用できる機能が異なります。本書では、無料プランの場合でも利用できる機能を紹介します。

GitHub トップページ

まずは利用してみよう！

GitHubはGitを使ってバージョン管理ができる

　GitHubはソースコードのバージョン管理のためにGitを使用し、Gitホスティングサービスとしての機能を持っています。GitHub上でリポジトリを作成し、ローカル環境にクローンすることで、誰もがすぐにソフトウェア開発をはじめることができます。

GitHubを使ってバージョン管理するイメージ

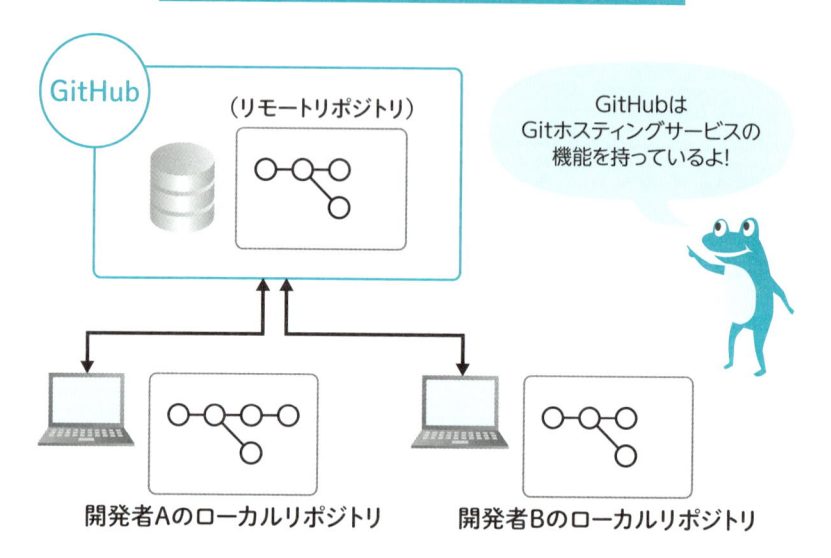

開発者Aのローカルリポジトリ　　開発者Bのローカルリポジトリ

 ## なぜソフトウェア開発プラットフォームを使うのか？

　GitHubはGitホスティングサービスとしての機能を持つだけでなく、ソフトウェア開発のプラットフォームとして機能します。バージョン管理はソフトウェア開発の基本ですが、ソフトウェア開発において必要な機能やツールはそれだけにとどまりません。バグの追跡や追加機能リクエストをはじめとするタスク管理機能や、テスト・リリース手順の自動化、アクセス制御など、様々な機能を活用しながら開発を行います。ソフトウェアは「一度作ったら終わり」ではな

く、継続的な保守やアップデートを行うことが一般的であるため、ソフトウェア開発プラットフォームを利用することで、効率的な開発が可能となります。

ソフトウェア開発プラットフォームを利用するイメージ

バージョン管理

バグ追跡

タスク管理

アクセス制御

テスト・リリース
自動化

ソフトウェア開発はリリース
したあとも大事だよ

＼Column／

GitHubの利用プラン

　GitHubでは3つの利用プランが用意されており、プランによって利用できる機能や制限が異なります。また、一部の機能には、リポジトリの内容を外部に公開した時にのみサポートされるものも存在するため、注意が必要です。ファイル管理のため、ひとまずリモートリポジトリが欲しいというようなプロジェクトでは、無料プランでも十分運用が可能ですが、リリースプロセスの自動化や厳しいセキュリティ・チェックが求められるようなプロジェクトでは、有料プランを検討する必要があります。以下にそれぞれのプランの比較を載せておきますので、利用プランを検討する際に参考にしてください。

それぞれのプランの比較

	Free	Team	Enterprise
コードレビュー	サポートあり	サポートあり	サポートあり
Issue	サポートあり ※ 担当者の複数設定機能はパブリックリポジトリのみ	サポートあり	サポートあり
GitHub Actions（タスク自動化）	2,000分/月	3,000分/月	50,000分/月
GitHub Pages・Wiki	パブリックリポジトリのみ	サポートあり	サポートあり
GitHub Code Scanning（脆弱性自動検知）	パブリックリポジトリのみ	パブリックリポジトリのみ	サポートあり
IP制限	サポートなし	サポートなし	サポートあり

（注）上記は本書執筆時点の情報のため、料金体系や機能が変更される場合があります。

GitHubでできること

ソースコードを共有する

　ソフトウェア開発は、限られた開発者のみで行うクローズドな開発もあれば、誰もがソースコードを見ることができ、自由に参加が可能な、オープンソースの形での開発もあります。GitHubは、リポジトリの公開設定を変更することで、特定のユーザーだけがアクセス権限を持つプライベート・リポジトリ、インターネット上で公開されるパブリック・リポジトリ、どちらの形にも設定が可能です。リ

パブリックリポジトリ・プライベートリポジトリを図示

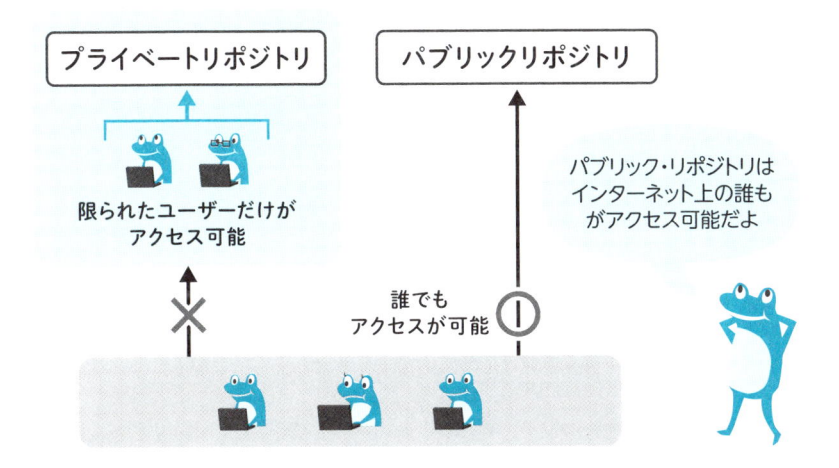

ポジトリ作成後も変更は可能ですが、公開する範囲には気をつける
必要があります。

 ## 課題を管理する - Issue機能

　GitHubでは、Issue機能を用いて課題を管理することができます。
課題として管理するのは、不具合報告や、追加機能要望、議論など、
さまざまです。また、作成したIssueのそれぞれに担当者を割り当て
ることができるので、誰が担当している課題なのかを明確にするこ
とができます。

　複数人での開発時、他にもSlackなどのコミュニケーションツール
を併用することも多いと思いますが、開発に関わる情報をすべて一
つに集約することで、情報が抜け落ちることなく、後から参加した
開発者と漏れなく情報を共有することができます。

Issue機能を用いて課題を管理する

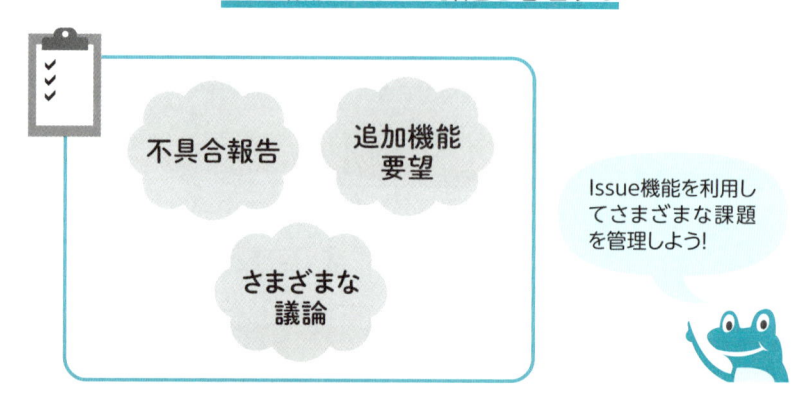

 ## ソースコード変更の反映を依頼する - プルリクエスト

　Gitを用いてバージョン管理を行いながら複数人で開発するとき、
開発者がそれぞれブランチを作成して、そのブランチ上で開発を行

うことが一般的です。しかし、開発者がそれぞれ好き勝手にソースコードの部分的な変更を行ったものを大元のブランチに取り込んでしまうと（マージしてしまうと）、プログラムが壊れてしまったり、慣れていない開発者の変更がそのまま反映されてしまったり、ソースコード管理として不都合が生まれることがあります。

　そのため、GitHubでは**プルリクエスト**（Pull requests）という機能を提供しており、ソースコード変更の反映（ブランチのマージ）を他の開発者に依頼することができます。反映を依頼された開発者は、ソースコードの変更点を確認し、場合により修正点を指摘し、大元のソースコード（ブランチ）へ反映を行っても問題ないことを確認してから、安全にソースコードの変更を反映することができます。

　このプルリクエストはGitHubの機能であり、Git自体には存在しない機能です（プルやマージはGitの機能です）。ですが、複数人で開発をするときには欠かせない機能です。

プルリクエスト機能を用いてマージを依頼する

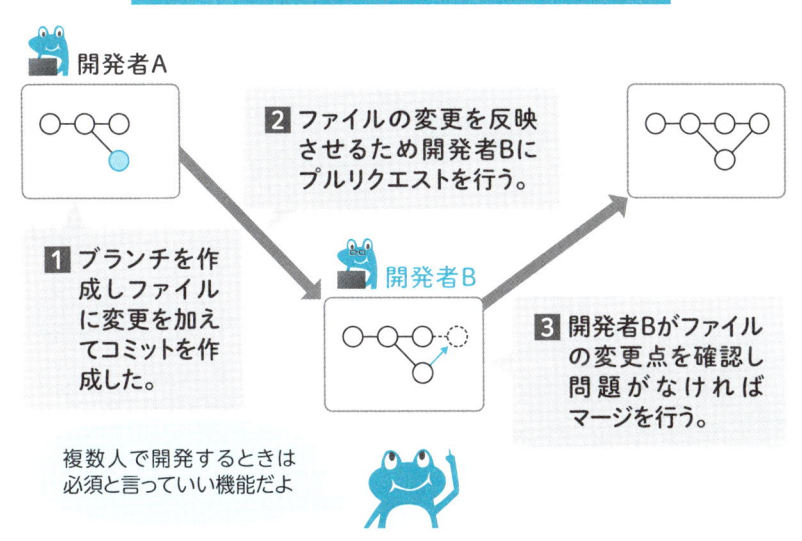

開発者A

1 ブランチを作成しファイルに変更を加えてコミットを作成した。

2 ファイルの変更を反映させるため開発者Bにプルリクエストを行う。

開発者B

3 開発者Bがファイルの変更点を確認し問題がなければマージを行う。

複数人で開発するときは必須と言っていい機能だよ

Gitをはじめる

準備をしよう

Gitの操作方法を知ろう

 グラフィカルユーザーインターフェース(GUI)から操作する

　Gitは様々な方法で使用することができ、グラフィカルユーザーインターフェース(GUI)を持つアプリケーション(Gitクライアント)が多数存在します。グラフィカルユーザーインターフェースとは、コンピュータの画面上に表示されるウィンドウやボタンなどのグラフィックスを、マウス操作などのポインティングデバイスで選択し操作する方式を指します。

Git自体が「git-gui」というGUIを提供しています。また、Atlassian社が提供する「Sourcetree」や、GitKraken社が提供する「GitKraken」など、多数のサードパーティ製Gitクライアントが存在します。

git-gui

Git公式で提供されているよ

Sourcetree

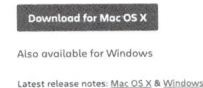

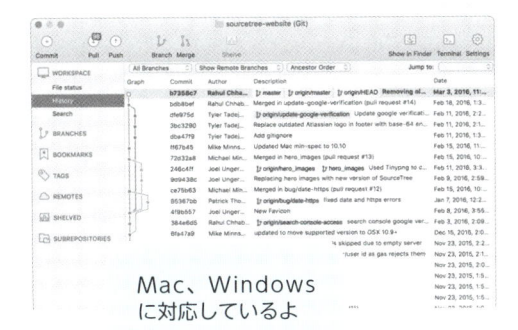

Mac、Windows
に対応しているよ

GitKraken

Mac、Windowsに加えて
Linuxにも対応しているよ

コマンドラインインターフェース(CLI)から操作する

Gitには公式のコマンドラインツールがあり、コマンドラインインターフェース (CLI) からGitの操作が可能です。コマンドラインインターフェースは、キャラクタユーザインターフェース (CUI) とも呼ばれ、文字表示およびキーボード等からの文字入力により操作する方式を指します。

コマンドラインツール

```
● ● ●                      🗎 user01 — -zsh — 80×24
Last login: Fri Dec  9 11:41:56 on ttys000
                               ~ % git
usage: git [-v | --version] [-h | --help] [-C <path>] [-c <name>=<value>]
           [--exec-path[=<path>]] [--html-path] [--man-path] [--info-path]
           [-p | --paginate | -P | --no-pager] [--no-replace-objects] [--bare]
           [--git-dir=<path>] [--work-tree=<path>] [--namespace=<name>]
           [--super-prefix=<path>] [--config-env=<name>=<envvar>]
           <command> [<args>]

These are common Git commands used in various situations:

start a working area (see also: git help tutorial)
   clone     Clone a repository into a new directory
   init      Create an empty Git repository or reinitialize an existing one

work on the current change (see also: git help everyday)
   add       Add file contents to the index
   mv        Move or rename a file, a directory, or a symlink
   restore   Restore working tree files
   rm        Remove files from the working tree and from the index

examine the history and state (see also: git help revisions)
   bisect    Use binary search to find the commit that introduced a bug
   diff      Show changes between commits, commit and working tree, etc
```

文字入力により操作する方法だよ

　本書では、コマンドラインを使用してGitの操作を行っていきます。理由として、GUIアプリケーションはそれぞれ操作方法が異なり、かつ求めている機能や使い勝手には個人個人の好みが大きく影響するためです。コマンドラインツールであれば操作方法は共通であり、Gitが持つすべての機能を使用することができます。Gitを正しく理解するためにはコマンドラインを使用することを強くおすすめします。

<u>Gitコマンド例</u>

git init	git add	git branch
git clone	git commit	git checkout
git pull	git status	git merge
git push	git log	など…

"git"の後に実行したい
操作を指定する形だよ

Macでコマンドを実行する

　コマンドラインインターフェースは誰でも簡単に利用することができます。Macの場合は標準でCLIとしてターミナル（Terminal）が用意されています。実際に一度CLIを起動してコマンドを実行してみましょう。

● 1. ターミナルを起動する

　他のアプリケーションと同様に、ターミナルアプリケーションを起動します。Finderで、「/アプリケーション/ユーティリティ」フォルダを開いてから、「ターミナル」をダブルクリックします。

ターミナルの起動

● 2. コマンドを実行する

　ターミナルを起動すると表示される画面に文字を入力することでコマンドを実行することができます。画面に表示されるテキストは以下の並びとなっています。

> ログイン中のユーザー名＠コンピュータ名 ˜ ％

　コンピュータ名のあとの「˜」は、ユーザーのホームディレクトリの意味で、現在自分がどのディレクトリに位置するのか（カレントディレクトリ）を指し示します。さらに後ろの「％」は、入力待ち状態を表す記号です（＄やその他の記号の場合もあります）。
　試しに、lsコマンドを実行し、カレントディレクトリ内に存在する

ファイル・ディレクトリの一覧を表示してみましょう。

　入力待ち表示の状態で、キーボードを使用してls（小文字のエルのあとに小文字のエス）と入力してから Enter キーを押します（以降本書では便宜上「ログイン中のユーザー名@コンピュータ名 ~ %」の部分を「>」に置き換えます）。

> ls Enter ◀── ファイル・ディレクトリの一覧を表示する

　するとlsコマンドが実行され、次の行以降に実行結果が表示されます。ここでは、ユーザーのホームディレクトリに存在するファイル・ディレクトリの一覧が表示されることとなります。

> ls Enter
実行結果（カレントディレクトリ内に存在するファイル・ディレクトリの一覧）

<u>コマンドの実行</u>

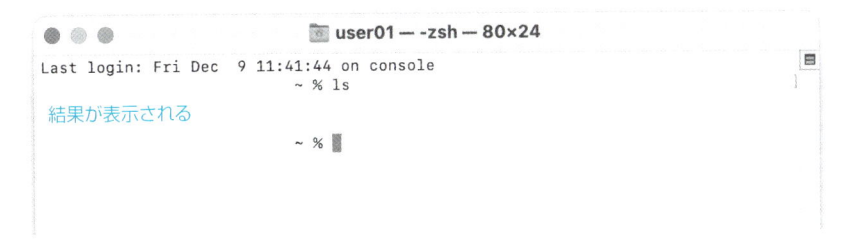

● 3. ターミナルを終了する

　ターミナルアプリケーション起動中に、画面上部のメニューから、「ターミナル」>「ターミナルを終了」を選択します。キーボードショートカットの command + Q でも終了ができます。

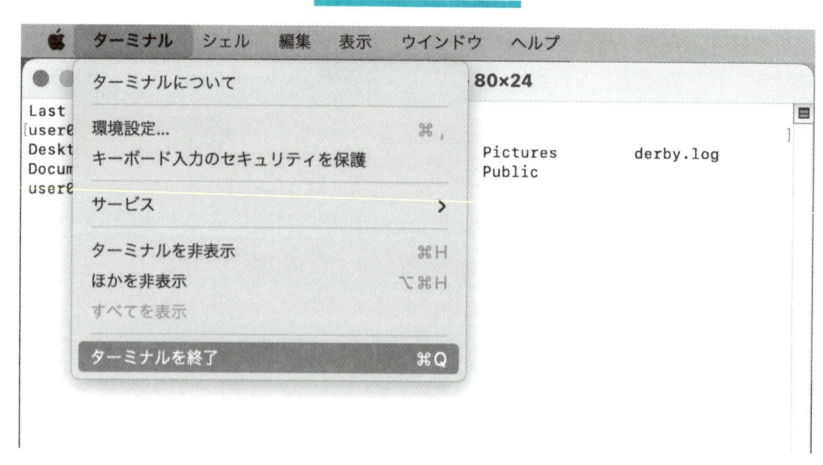

ターミナルの終了

Windowsでコマンドを実行する

Windowsの場合は標準でCLIとしてコマンドプロンプト（cmd.exe）が用意されています。実際にCLIを起動してコマンドを実行してみましょう。

1. コマンドプロンプトを起動する

タスクバーの検索ボックスにcmdと入力します。検索結果にコマンドプロンプトのアプリが表示されるので、クリックします。

コマンドプロンプトの起動

● 2. コマンドを実行する

　コマンドプロンプトを起動すると表示される画面に文字を入力することで、コマンドを実行することができます。画面に表示されるテキストは以下の並びとなっています。

```
C:¥Users¥ユーザー名>
```

　これはCドライブのUsersフォルダの中の［ユーザー名］フォルダが作業場所であることを示しています。作業場所のドライブをカレントドライブ、作業場所のフォルダをカレントディレクトリといいます。「>」は、入力待ち状態を表す記号です。試しに「dir」コマンドを実行し、カレントディレクトリ内に存在するファイル・ディレクトリの一覧を表示してみましょう。

　入力待ち表示の状態で、キーボードを使用して「dir」と入力し、Enter キーを押します（以降本書では便宜上「C:¥Users¥ユーザー名>」の部分を「>」に置き換えます）。

> dir [Enter] ← ファイル・ディレクトリの一覧を表示する

　するとdirコマンドが実行され、次の行以降に実行結果が表示されます。ここでは、ユーザーのホームディレクトリに存在するファイル・ディレクトリの一覧が表示されます。

> dir [Enter]
実行結果（カレントディレクトリ内に存在するファイル・ディレクトリの一覧）

コマンドの実行

3. コマンドプロンプトを終了する

　コマンドプロンプトの起動中に、画面上部右の「×」をクリックするか、コマンドプロンプトにexitと入力すると、コマンドプロンプトが終了します。

コマンドプロンプトの終了

WindowsにGitを インストールしよう

 動作環境の確認

本書では、以下の環境・バージョンでWindowsにGitのインストールを行います。

Windows: 11
Git: 2.45.2

 実際にインストールしよう

次のような手順でインストールします。

①Gitの公式サイト（https://git-scm.com）から 「Downloads」に移動する

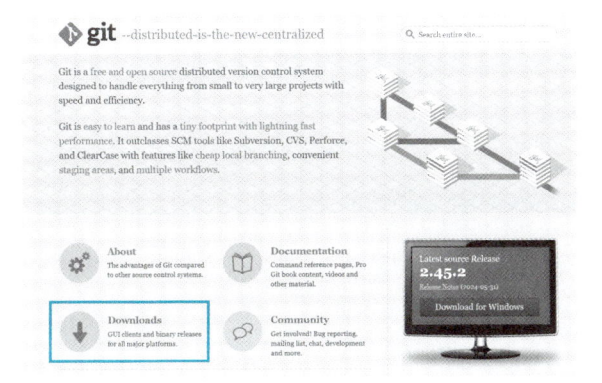

② 「Windows」をクリックする

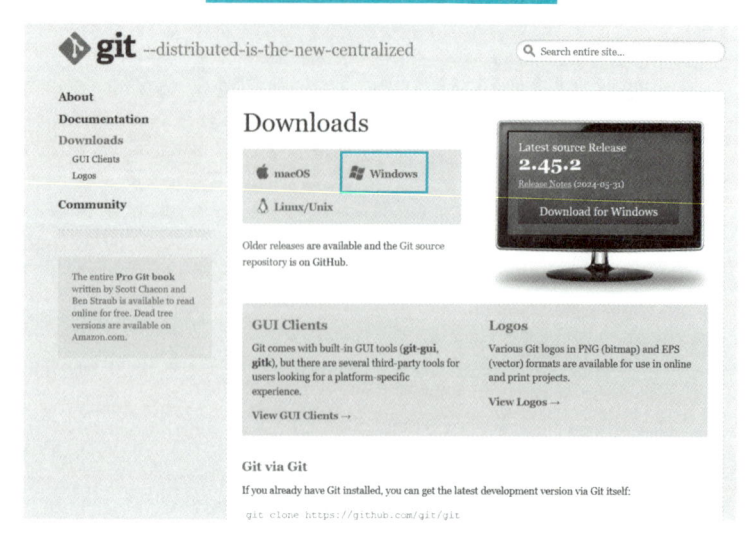

③ ［Click here to download］をクリックする

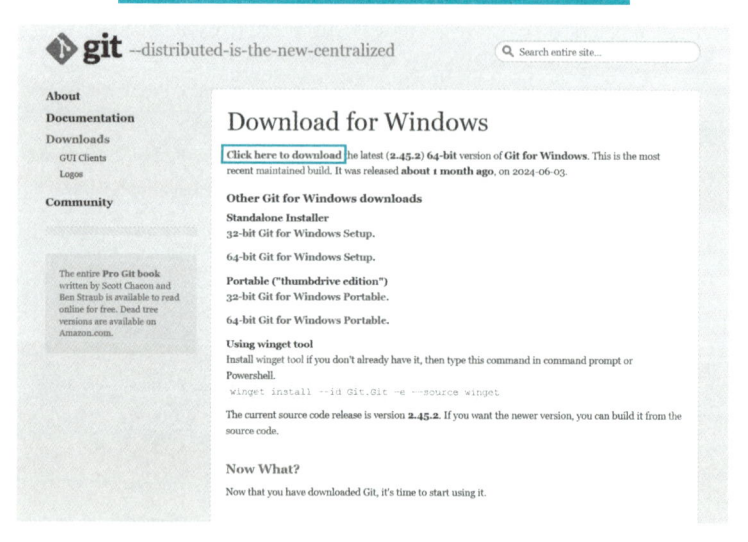

④ダウンロードフォルダを開き、
ダウンロードしたファイルをダブルクリックする

　ユーザーアカウント制御が表示される場合は、［はい］をクリック
します。

確認メッセージ

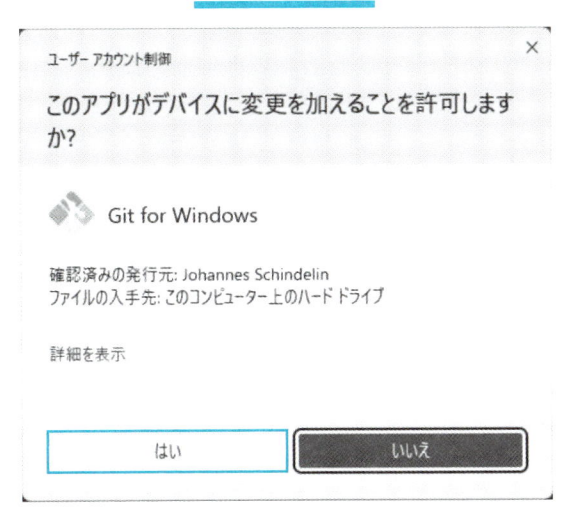

⑤ライセンス情報を読み、［Next］をクリックする

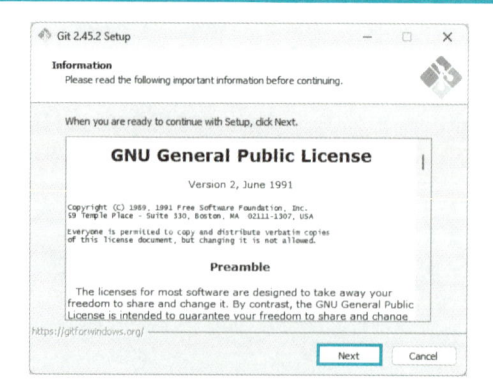

⑥インストール先を確認し、［Next］をクリックする

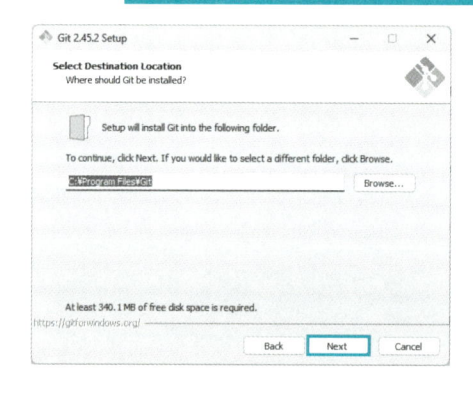

初期設定はデフォルトの
まま進めて大丈夫だよ

⑦インストール項目を確認し、［Next］をクリックする

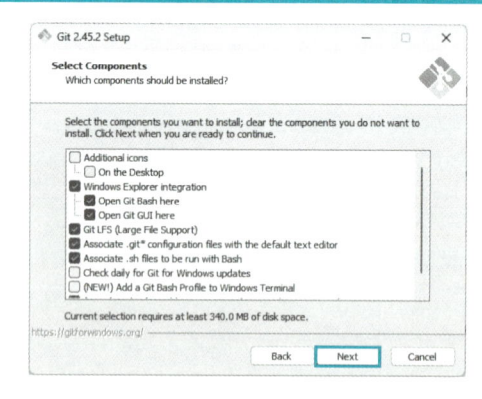

⑧ショートカットの保存先を確認し、[Next]をクリックする

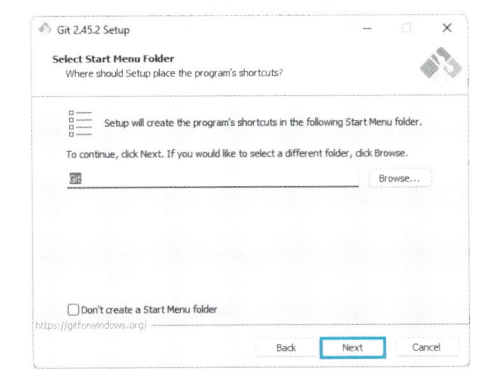

⑨デフォルトのエディタを確認し、[Next]をクリックする

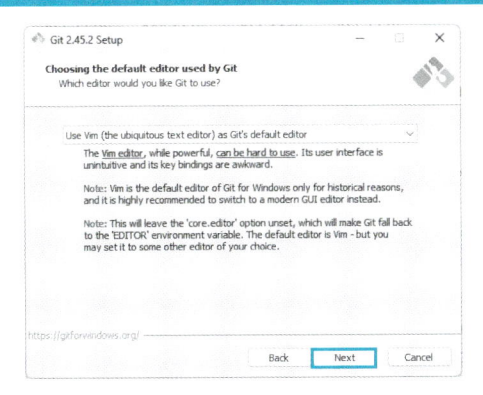

⑩リポジトリ作成時のブランチの名前を
確認し、[Next]をクリックする

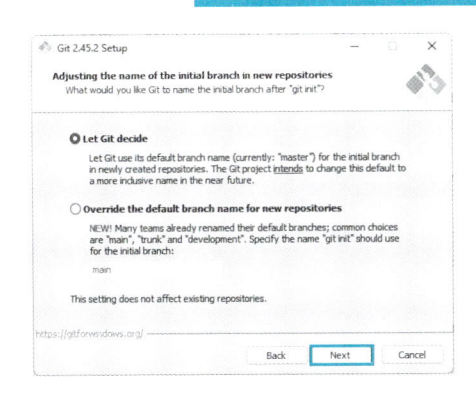

ブランチについては、
Chapter03で説明するよ

⑪コマンド実行ツールを確認し、［Next］をクリックする

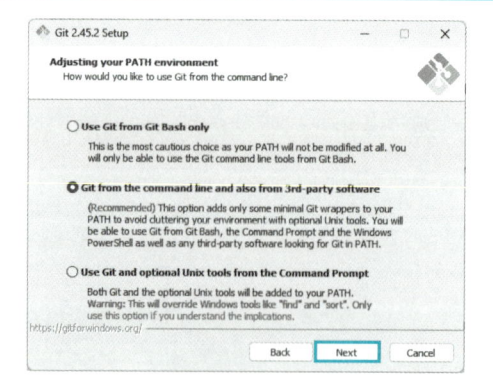

⑫SSHクライアントを確認し、［Next］をクリックする

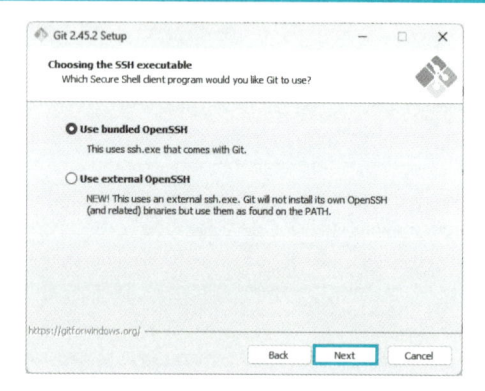

⑬HTTPの接続設定を確認し、［Next］をクリックする

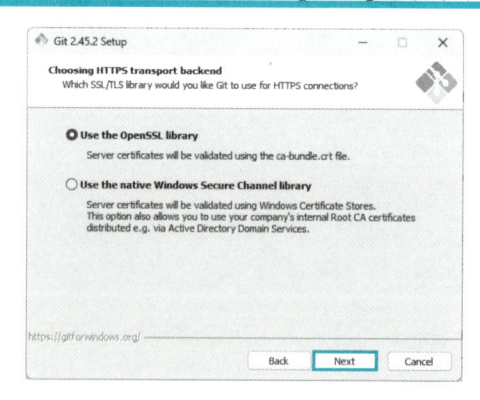

⑭改行コードの設定を確認し、［Next］をクリックする

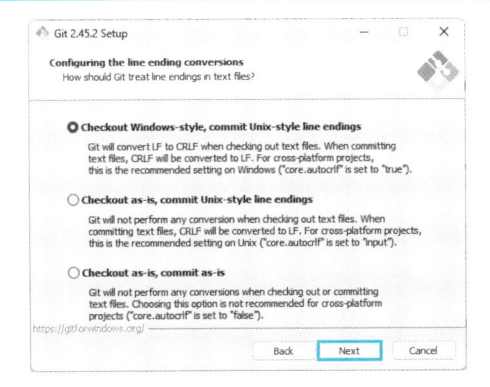

⑮Git Bashに使用するエミュレータを確認し、［Next］をクリックする

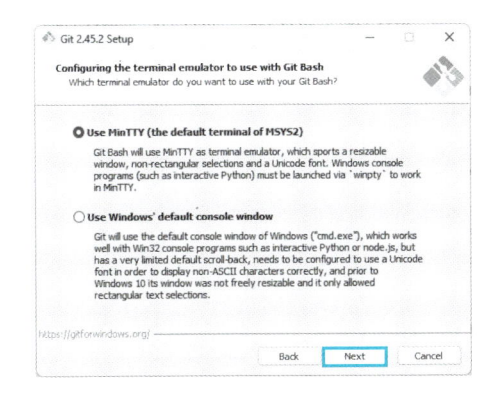

⑯git pullコマンドの挙動を確認し、［Next］をクリックする

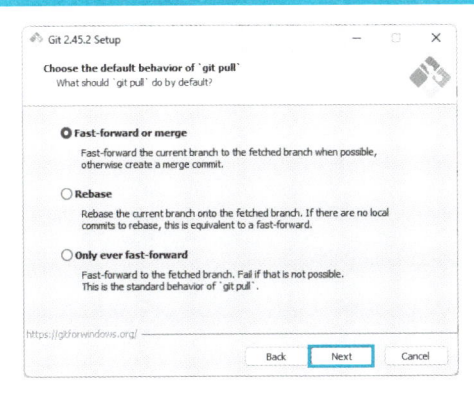

⑰認証情報ヘルパーを確認し、［Next］をクリックする

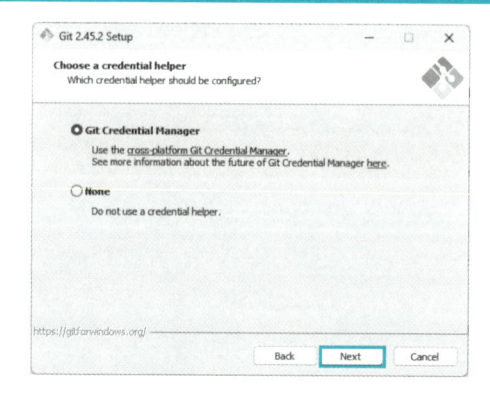

⑱拡張オプションを確認し、［Next］をクリックする

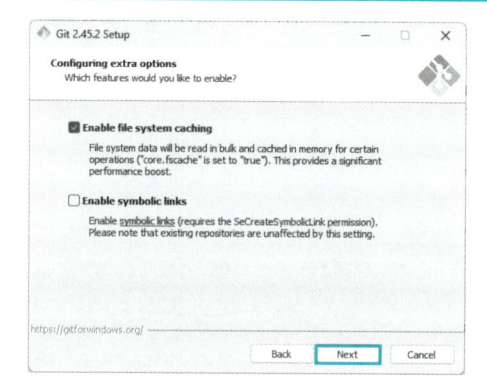

⑲実験的オプションを確認し、［Install］をクリックする

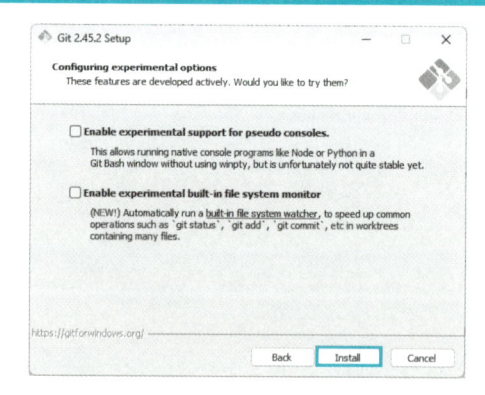

⑳インストールが開始される

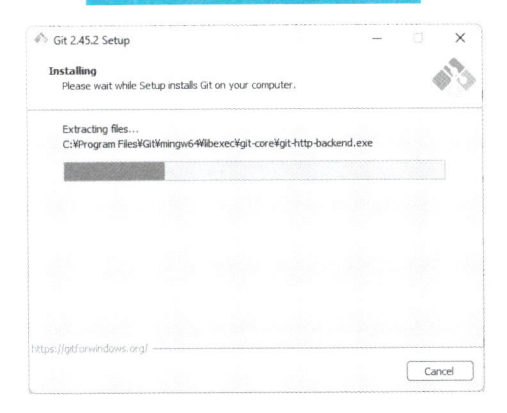

㉑インストール完了

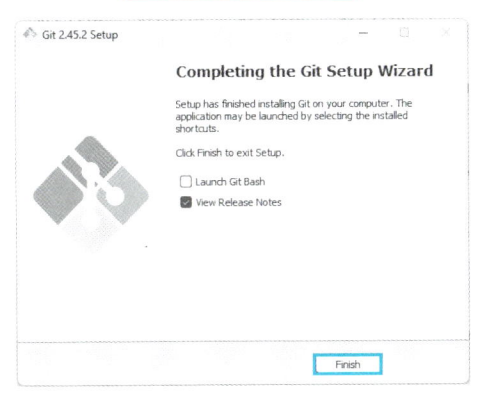

　インストールが無事完了したことを確認するため、コマンドプロンプトで以下のコマンドを実行しましょう。

> **git --version** Enter　←──バージョンを確認する

　実行した結果、Gitのバージョンが表示されれば、無事インストールが完了しています。

git version 2.45.2.windows.1　←──バージョンが表示された

MacにGitを インストールしよう

動作環境の確認

本書では、以下の環境・バージョンでMacにGitのインストールを行います。

MacOS: 14.5 (macOS Sonoma)
Git: 2.33.0 ※

実際にインストールしよう

次のような手順でインストールします。

①Gitの公式サイト
(https://git-scm.com)から「Downloads」に移動する

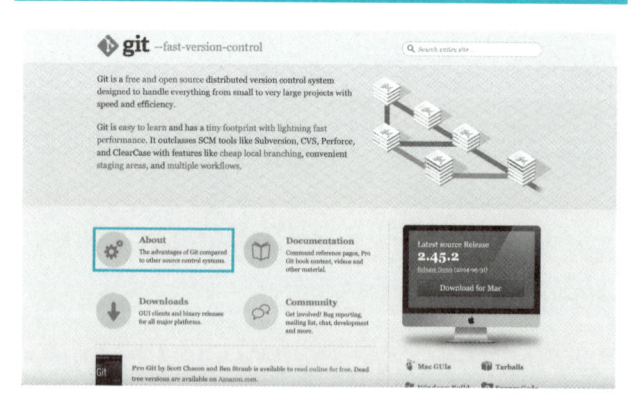

②「macOS」をクリックする

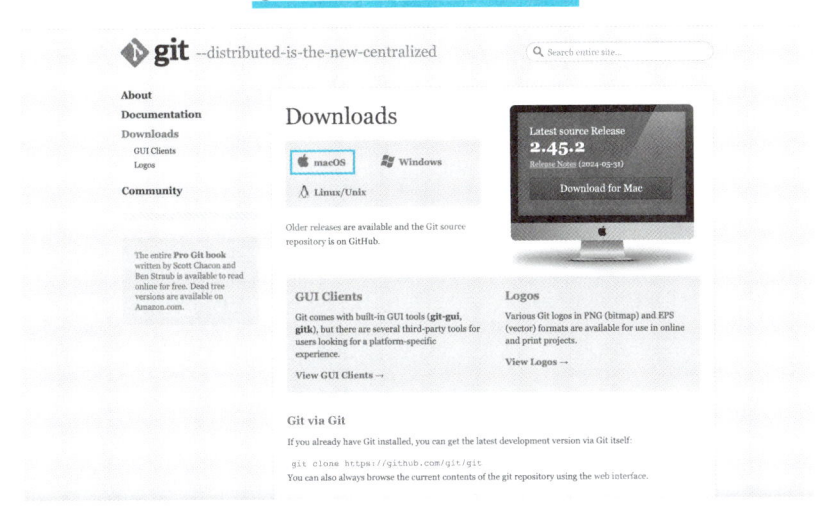

③「Binary installer」の最新バージョンをクリックする

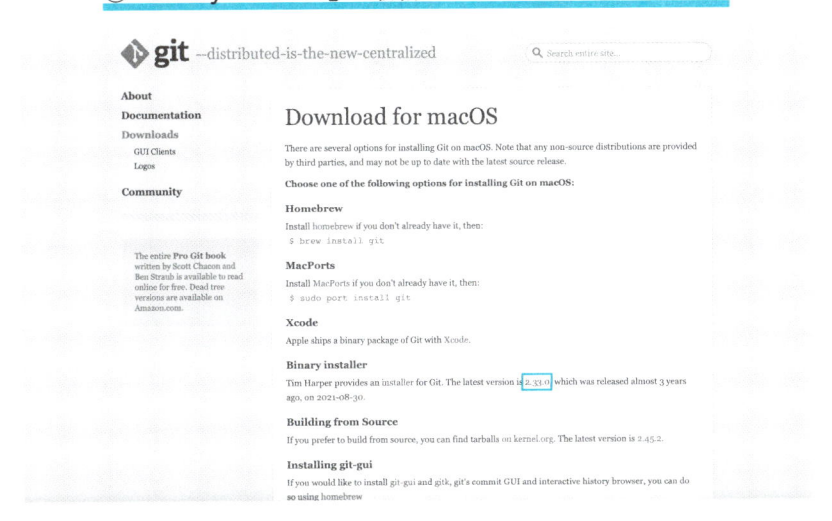

❖ 本書執筆時点では、Macのインストーラーを使ってインストールを行った場合、最新のバージョンではなくバージョン2.33.0がインストールされます。
❖ Macで最新版を利用したい場合、WebサイトのDownload画面にあるようにCUIツールを使用してインストールする必要があります。

④自動的にダウンロードが開始される

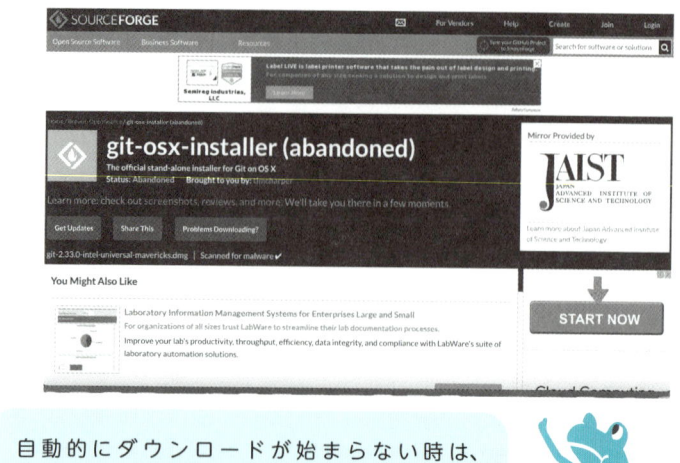

自動的にダウンロードが始まらない時は、
「Problems Downloading?」をクリックしてミ
ラーサイトからダウンロードしよう

⑤ダウンロードされたdmgファイルをダブルクリックする

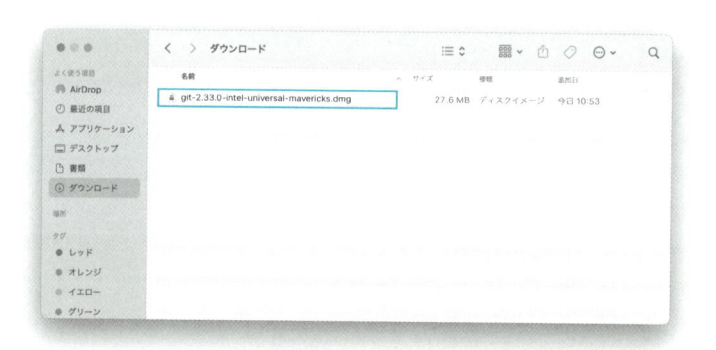

⑥ pkgファイルをダブルクリックする

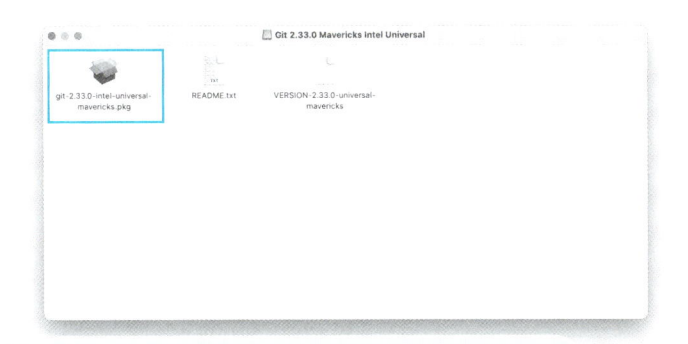

セキュリティメッセージ「開発元が未確認のため開けません」と表示されるときは、control キーを押しながらファイルをクリックし、「開く」を選択しよう。開いてもよいか確認するメッセージが表示されるので、そこでも「開く」を選択しよう

⑦「はじめに」と「インストール先」で「続ける」をクリックする

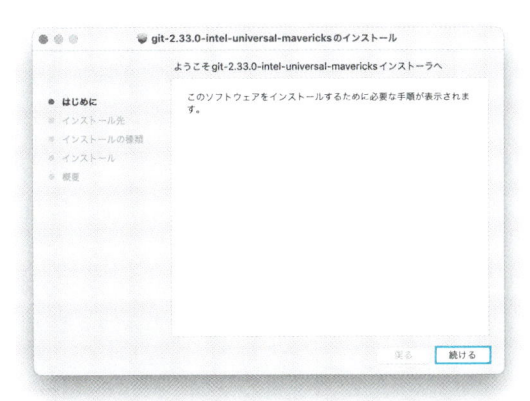

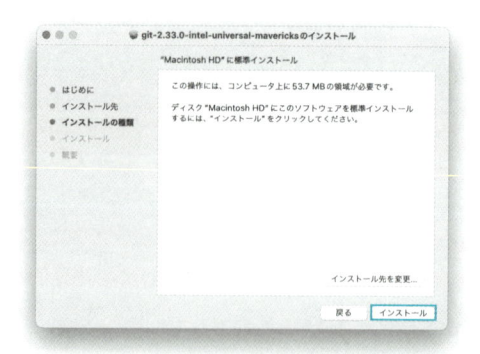

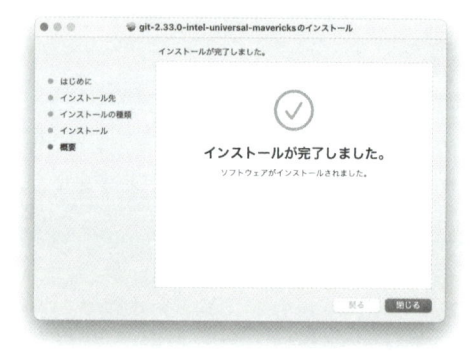

　インストールが無事完了したことを確認するため、ターミナルで以下のコマンドを実行しましょう。

> git --version [Enter] ← バージョンを確認する

　実行した結果、Gitのバージョンが表示されれば、無事インストールが完了しています。

git version 2.33.0 ← バージョンが表示された

WindowsにVSCodeを インストールしよう

 動作環境の確認

本書では、以下の環境・バージョンでWindowsにVSCode（正式名称：Visual Studio Code）のインストールを行います。

Windows: 11
VSCode: 1.91

本書執筆時点では、VSCodeはWindows 10, 11に対応しています。

 実際にインストールしよう

次のような手順でインストールします。

①VSCodeのホームページ
(https://code.visualstudio.com) からファイルをダウンロードする

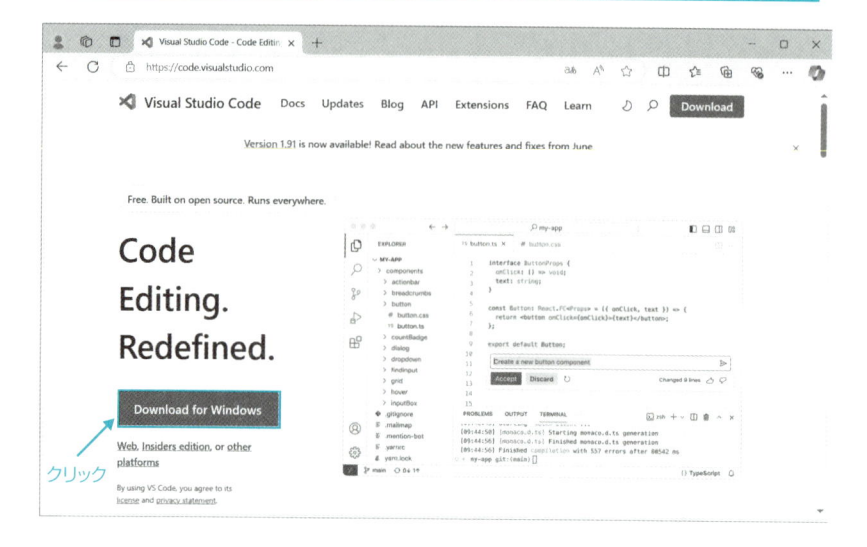

②ダウンロードフォルダを開き、
VSCodeのファイルをダブルクリックする

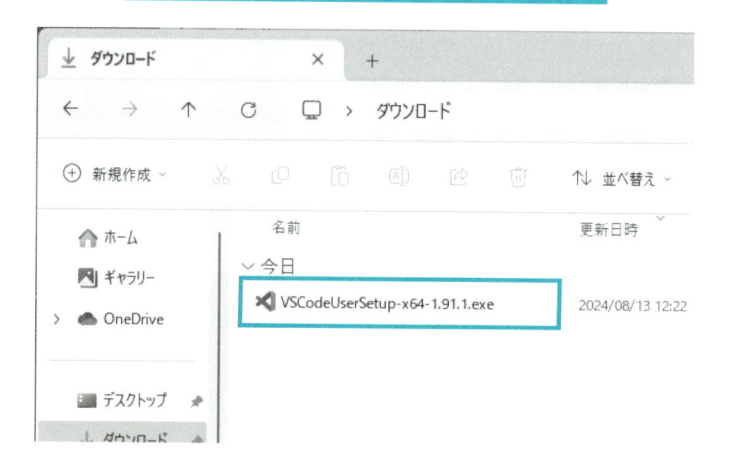

③使用許諾契約書に承諾し、「次へ」をクリックする

④インストール先を確認し、「次へ」をクリックする

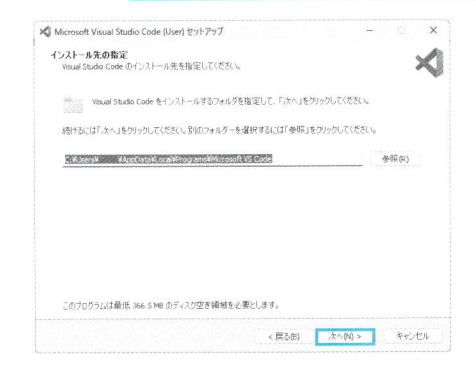

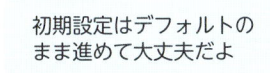

初期設定はデフォルトの
まま進めて大丈夫だよ

⑤ショートカットの保存先を確認し、「次へ」をクリックする

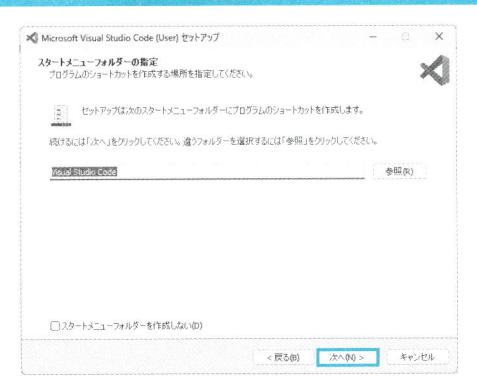

⑥追加設定を確認し、「次へ」をクリックする

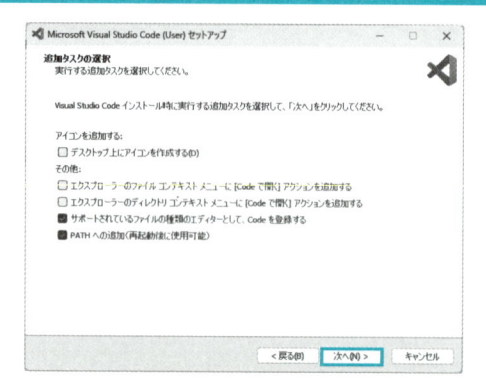

⑦「インストール」をクリックする

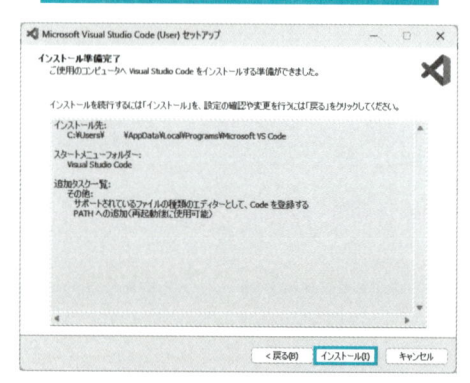

⑧インストール完了

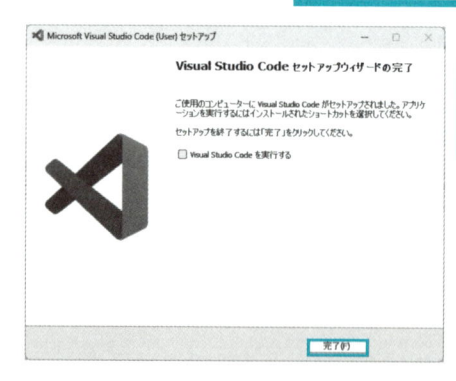

ここでは「Visual Studio Codeを実行する」のチェックを外して大丈夫だよ！

　タスクバーの検索ボックスに「VSCode」と入力し、VSCodeアプリを開いてみましょう。

⑨アプリを開く

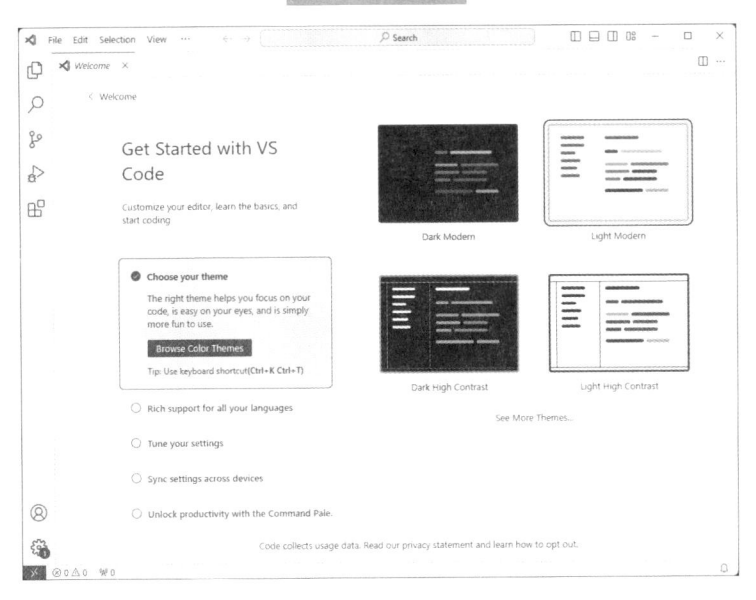

MacにVSCodeを
インストールしよう

 動作環境の確認

本書では、以下の環境・バージョンでMacにVSCode（正式名称：Visual Studio Code）のインストールを行います。

MacOS: 14.5（macOS Sonoma）
VSCode: 1.91

本書執筆時点では、VSCodeはmacOS 10.11以降に対応しています。

 実際にインストールしよう

次のような手順でインストールします。

①VSCodeのホームページ
(https://code.visualstudio.com)からファイルをダウンロードする

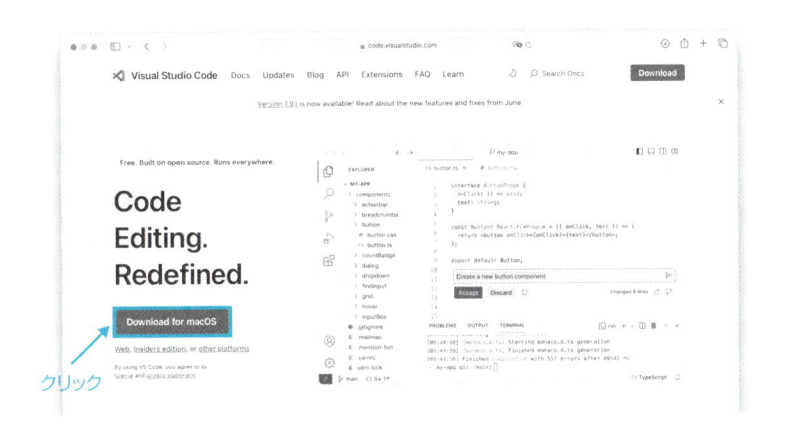

②ダウンロードフォルダを開き、
zipファイルをダブルクリックして展開する

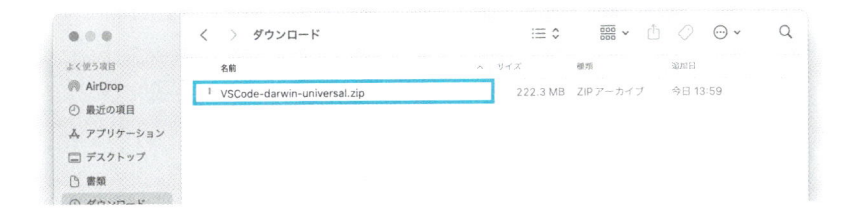

③アプリをダブルクリックする

確認メッセージが表示された場合は［開く］をクリックします。

確認メッセージ

④インストール完了

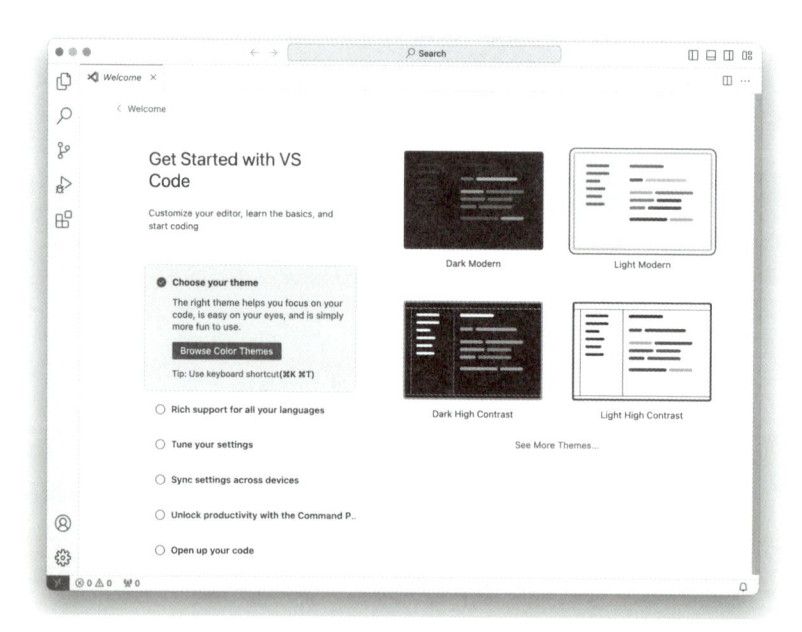

\Column/

エンジニア御用達のテキストエディタVSCode

　VSCode（正式名称：Visual Studio Code）は、ソフトウェア開発者を中心に高い人気を誇るテキストエディタです。VSCodeは2015年にリリースされたオープンソースのエディタであり、GitHub上でソースコードが公開されています（https://github.com/microsoft/vscode）。拡張機能の開発も活発に行われており、「Activity Bar」＞「Extensions」から公開されている拡張機能をインストールし、自分の用途に合わせてカスタマイズすることが可能です。公開されている拡張機能には、入力補完やスペルチェックなど様々な機能が存在しますが、より便利にGitを操作できるような拡張機能も存在しており、「Git Lens」や「Git Graph」といった拡張機能がよく利用されています。

VSCodeの拡張機能画面

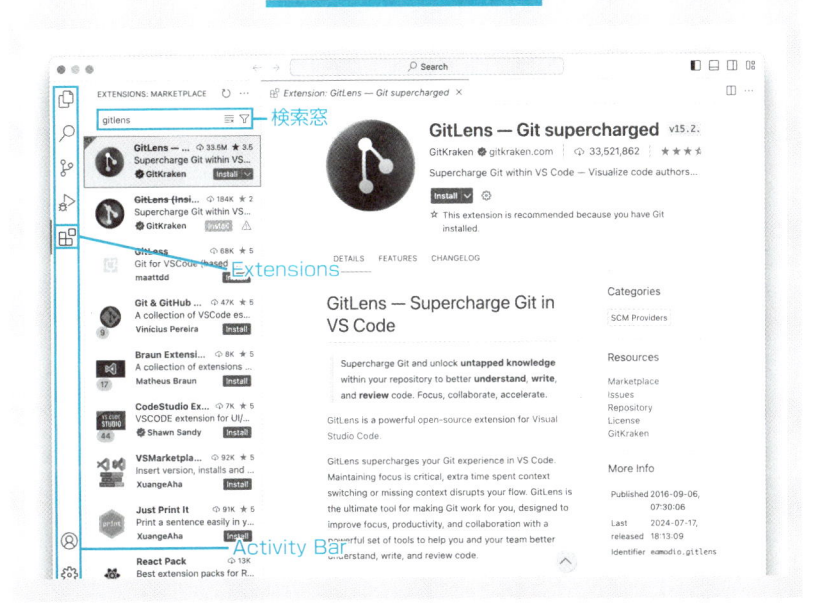

VSCodeでコマンドラインを操作しよう

 VSCodeでコマンドラインを起動する

　ターミナル（Terminal）やコマンドプロンプト（cmd.exe）から開いていたコマンドラインは、VSCodeからも開くことが可能です。VSCodeからコマンドラインを開くには、VSCodeのメニューから「Terminal」＞「New Terminal」を選択します。

VSCodeのメニューから「Terminal」＞「New Terminal」を選択する

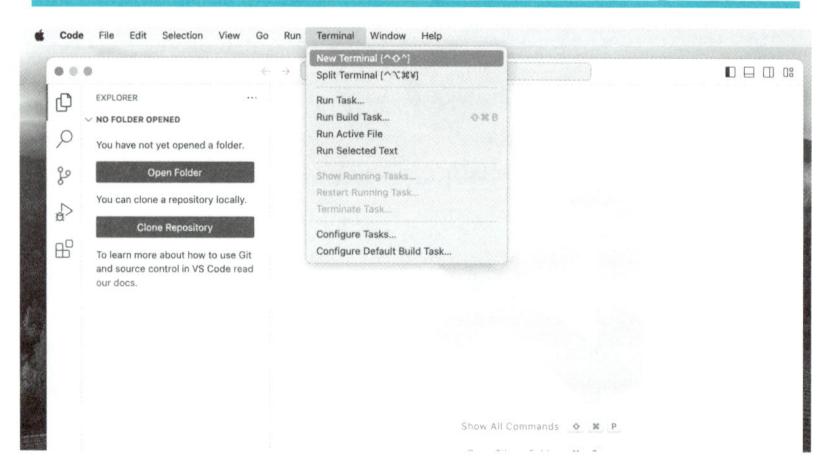

VSCode上でコマンドラインが開く

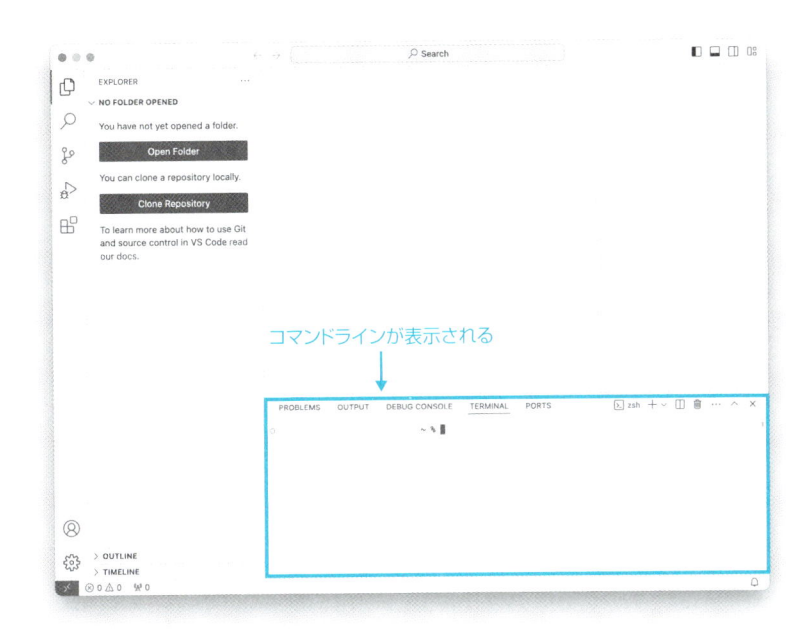

コマンドラインが表示される

コマンドを実行する

　VSCodeで開いたコマンドライン上で、Gitのインストールの際に実行したgit --versionコマンドを実行してみましょう。前回実行した時と同じ結果が表示されるはずです。

※ 本書執筆時点では、Macのインストーラーを使ってインストールを行った場合、最新のバージョンではなくバージョン2.33.0がインストールされます。

※ 以降の説明で登場するコマンド・実行結果は、バージョン2.45.2のものを記載します。

> git --version Enter ◀━━ バージョンを確認する
git version 2.45.2 ◀━━ バージョンが表示された

　Chapter03以降では、VSCodeから開いたコマンドライン上でGitを操作していきます。

Gitを使ってファイルの変更を管理してみよう

Gitでバージョン管理をする準備をしよう

 バージョン管理する場所（リポジトリ）を作成する

　ここからは、Chapter02でインストールしたGitを用いてバージョン管理を試していきます。

　バージョン管理をはじめるためには、バージョン管理したいディレクトリの中に、スナップショットや、バージョン管理に必要なその他のファイルを保存する場所（**リポジトリ**）を作成する必要があります（リポジトリについてはChapter01 27ページで解説）。リポジトリを作成するには、コマンドラインを使ってディレクトリの中へ移動し、Gitのコマンドを実行しますが、まずはVSCodeを使ってGitの練習用ディレクトリを作成してみましょう。VSCodeのメニューから「File」>「Open Folder ...」を選択し、任意の場所に「GitTraining」ディレクトリを作成します。以下のキャプチャはMacでの実行例ですが、Windowsでもほとんど同じ手順でディレクトリを作成することができるはずです。

VSCodeのメニューから「File」>「Open Folder ...」を選択する

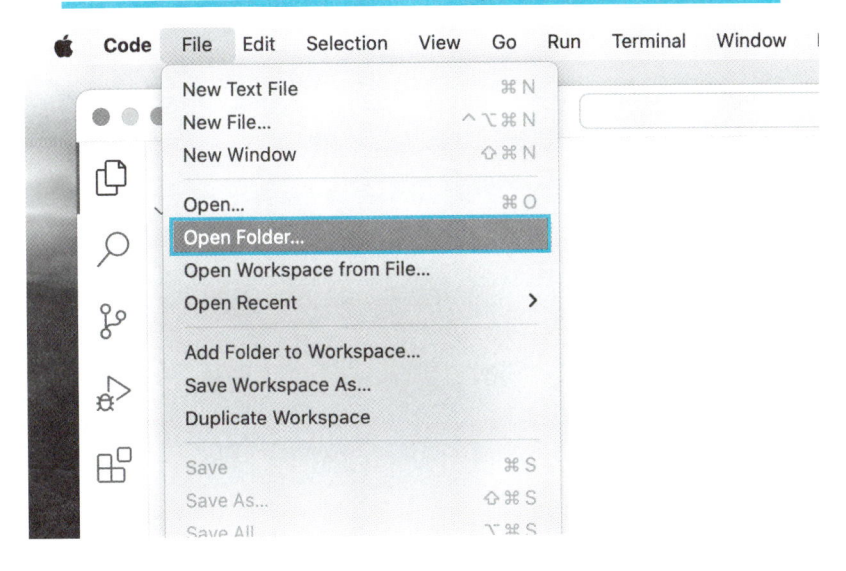

「GitTraining」ディレクトリを作成し、「開く」を選択する

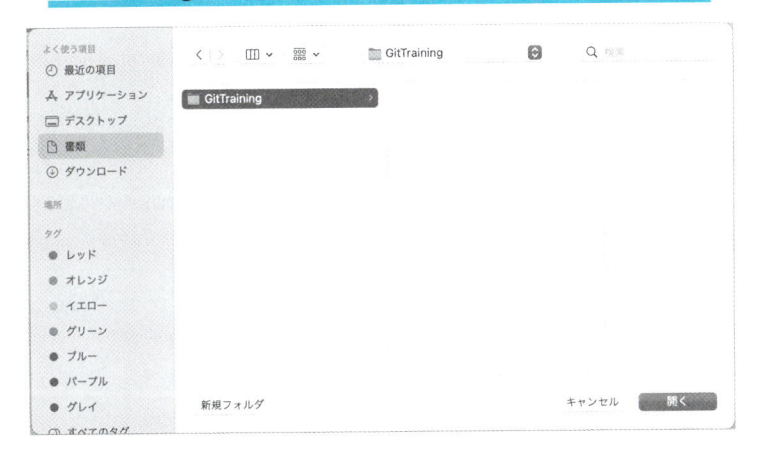

　作成したディレクトリを開くと、「Do you trust the authors of the files in this folder?」の確認ダイアログが表示されるので、「Yes, I trust the authors」をクリックしてダイアログを閉じます。

「Yes, I trust the authors」をクリックする

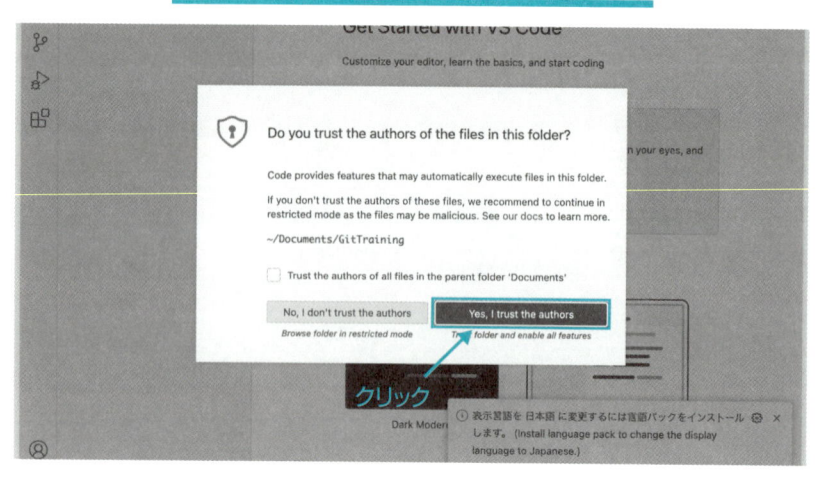

　確認ダイアログが閉じると、作成したディレクトリが開かれた状態になり、この状態でコマンドラインを開くと、開いているディレクトリの中でコマンドを実行できるようになります。VSCodeからコマンドラインを起動し、リポジトリ作成用のGitコマンドである**git init**コマンドを実行してリポジトリを作成してみましょう。以下のコマンドを実行してください。

書式：git init

```
git init
```

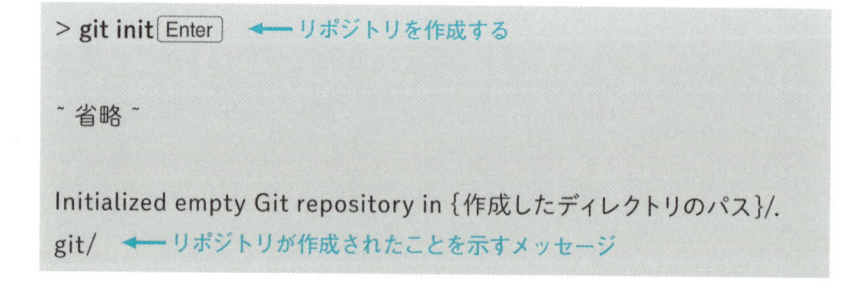

　リポジトリの作成が成功すると、「Initialized empty Git repository in ~」のメッセージが表示され、**.git**ディレクトリが作成されます（他にもhintメッセージが出力されることがありますが、無視して構いません）。**.**から始まる名前を持つファイルやディレクトリは**隠しファイル・ディレクトリ**と呼ばれ、通常では表示されません。Windowsではエクスプローラの上部メニューの「表示 > 隠しファイル」のチェックで、MacではFinder上で Cmd + Shift + . のショートカットで表示の切り替えが可能ですので、確認してみましょう。

.gitディレクトリが作成された

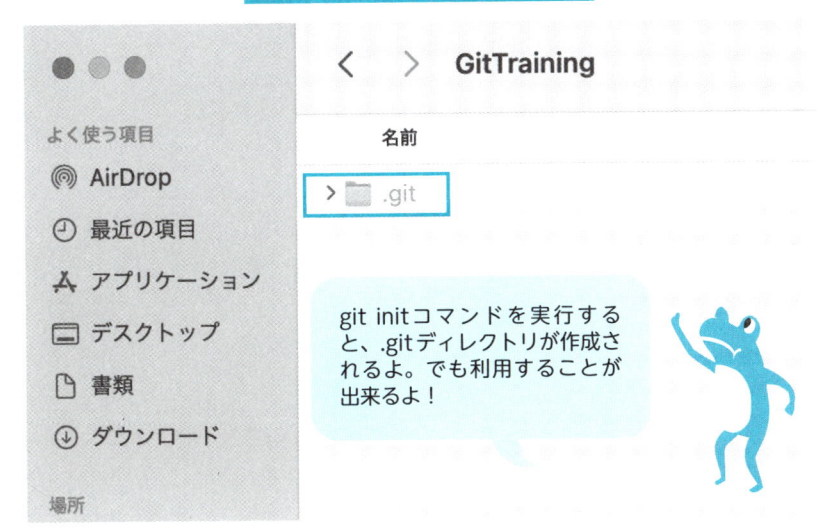

> git initコマンドを実行すると、.gitディレクトリが作成されるよ。でも利用することが出来るよ！

# Gitコマンドの基本

ここからは様々なGitコマンドを実行していくことになりますが、一度Gitのコマンドの基本の形について確認しておきましょう。

コマンドの基本形

● git［操作］［操作に対するオプション］［操作対象など］

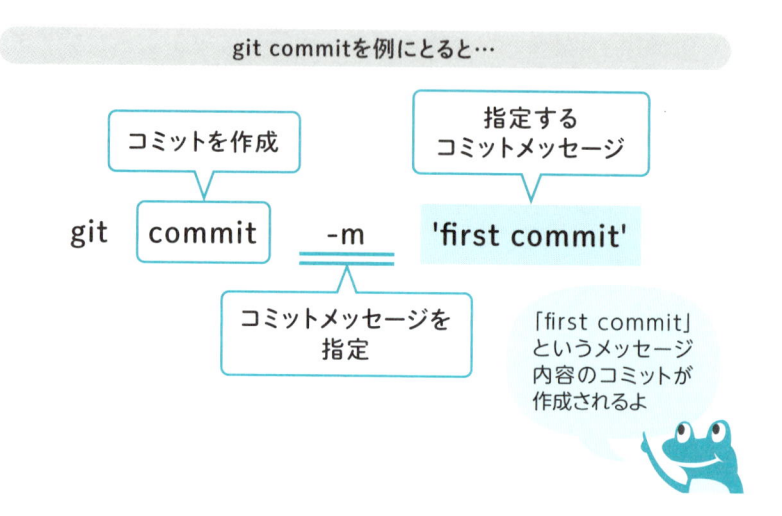

git commitを例にとると…

| コミットを作成 | | 指定する
コミットメッセージ |

git　commit　-m　'first commit'

コミットメッセージを指定

「first commit」というメッセージ内容のコミットが作成されるよ

Gitのコマンドは**git**というキーワードから始まり、その後にどのような「操作」を行うかを指定する形が基本です。リポジトリの作成に使用した**git init**コマンドでは**init**の部分が「操作」の部分に相当し、「初期化」をあらわす「initialize」という英単語の省略形となっています。また、操作によっては「操作に対するオプション」や「操作対象」を指定するものもあります。オプションには**--global**や**-m**など、コマンドごとに用意された**--(-)**から始まるキーワードを指定します。

Gitにユーザー情報を設定する

作成したリポジトリでバージョン管理を行っていく前に、Gitの
ユーザー設定（ユーザー名、メールアドレス）を行います。ここで設
定したユーザー情報は変更履歴を記録する際に一緒に記録され、誰
がその変更履歴を記録したのかを確認する場合などに使われます。
設定には**git config**コマンドを使用し、以下のようなフォーマットで
記述します。各設定項目は対応するキーに値が紐づく形で保存され
るため、コマンドの実行時にキーと値の両方を指定する必要があり
ます。

書式：git config

git config［オプション］{各設定に対応するキー}{設定値}

また、ユーザー設定には図のように3種類の有効範囲が存在し、オ
プションを切り替えることでそれぞれの有効範囲ごとに設定が可能
です。ここでは--globalオプションを指定して設定を行っていきま
しょう。

git config コマンドの有効範囲

【注】--local > --global > --system の順で優先される

オプション	有効範囲
--system	全PCアカウントの全リポジトリ
--global	ログインしているPCアカウントの全リポジトリ
--local	それぞれのリポジトリ

↓ユーザー名を設定する
> git config --global user.name "ユーザー名" [Enter]
> git config --global user.email "メールアドレス" [Enter]
↑メールアドレスを設定する

設定を確認するには、有効範囲のオプションと確認したい設定の
キーだけを指定してコマンドを実行します。

```
> git config --global user.name Enter  ←── ユーザー名を確認する
{ユーザー名として設定した値} ←── 設定されているユーザー名
> git config --global user.email Enter  ←── メールアドレスを確認する
{メールアドレスとして設定した値} ←── 設定されているメールアドレス
```

 ## Gitにエディタを設定する

Gitコマンドを実行した際にエディタを使って編集を行う場合があ
り、そのときに使用するエディタを、VSCodeに指定しておくと便利
です。以下のコマンドを実行して、エディタの設定を行っておきま
しょう。

```
                      VSCode をエディタとして設定する
                   ✓(VSCode の起動コマンドを登録する)
> git config --global core.editor 'code --wait' Enter
> git config --global core.editor Enter  ←── エディタを確認する
code --wait  ←── 設定されているエディタ
```

git configの設定項目

　ここまでいくつかのgit configの項目を設定してきましたが、他にも以下のような設定項目が存在します。実際のプロジェクトでGitを利用する場合は、必要に応じて設定を行ってください。git configで設定可能な項目は、公式ドキュメントのgit configコマンドのページなどから確認することができます（https://git-scm.com/docs/git-config.html#_variables）。

git configで設定可能な項目

設定項目	説明
commit.template	コミットメッセージのテンプレートとして使用するファイルのパス名を指定する
core.commentChar	メッセージ編集時のコメント行の開始文字列を指定する（デフォルト：#）
core.commentString	メッセージ編集時のコメント行の開始文字列を指定する（v2.45.0以降）
core.pager	Gitコマンドで利用するテキストビューワー（lessなど）を指定する
alias.{エイリアス名}	Gitコマンドにショートカット名（エイリアス）を指定する
diff.tool	git difftoolコマンドで使用する差分表示ツールを指定する
merge.tool	git mergetoolコマンドで使用するマージツールを指定する
init.defaultBranch	デフォルトブランチ名を指定する
remote.{登録名}.url	リモートリポジトリのURLを指定する（通常はgit remoteコマンドを使用して設定する）
author.name(email)	変更履歴に記録されるauthor情報を指定する（指定がない場合はuser.name(email)が使用される）
committer.name(email)	変更履歴に記録されるcommitter情報を指定する（指定がない場合はuser.name(email)が使用される）

変更履歴（コミット）を記録してみよう

 変更履歴を記録する手順

バージョン管理の大まかな手順は次のようになります。

1. バージョン管理されているディレクトリの状態を変更する（ファイルの追加・編集・移動・削除を行う）
2. 変更履歴として記録する変更を選ぶ（変更をステージする）
3. 変更履歴を記録する（コミットする）

　Gitでは、リポジトリの最新の状態に対して加えられた変更のうち、記録したい変更を選んでスナップショット（スナップショットについてはChapter01 27ページで解説）を作成し、それを新たな変更履歴として記録します。このようにすることで、一時的な設定変更など、記録する必要がない変更をスナップショットに含めないようにすることができます。Gitで管理されるファイルや変更には以下のような状態が付与され、Gitではこの状態を使ってスナップショットに含めるものと含めないものを区別します。

Gitが持つ三つの状態

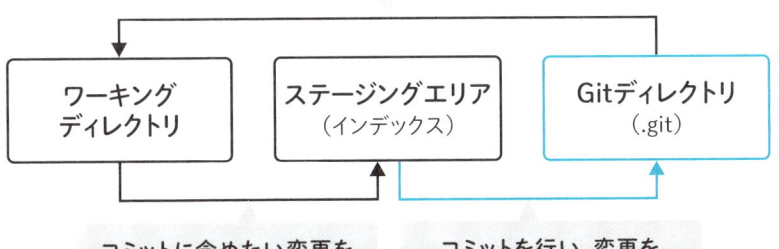

特定のコミットを
ワーキングディレクトリに反映

| ワーキング
ディレクトリ | ステージングエリア
（インデックス） | Gitディレクトリ
（.git） |

コミットに含めたい変更を
ステージングエリアに追加

コミットを行い、変更を
スナップショットとして記録

それぞれの状態を意識できる
と理解が深まるよ!

ファイルや変更の状態遷移

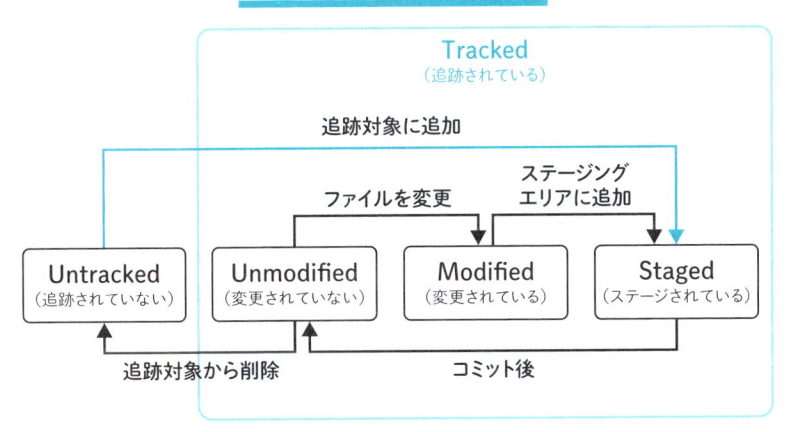

Tracked
（追跡されている）

追跡対象に追加

ファイルを変更

ステージング
エリアに追加

| Untracked
（追跡されていない） | Unmodified
（変更されていない） | Modified
（変更されている） | Staged
（ステージされている） |

追跡対象から削除　　　コミット後

それぞれの変更がどの状態なのか
意識しながらGitを操作しよう

「Gitが持つ三つの状態」と「ファイルや変更の状態遷移」の関係性

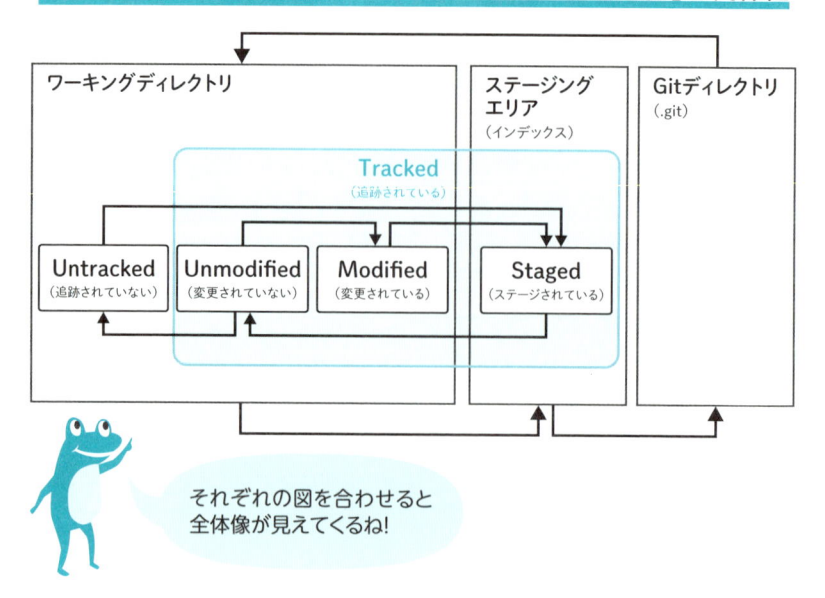

それぞれの図を合わせると
全体像が見えてくるね!

作成したリポジトリにファイルを追加する

まずはファイルを新規作成してみましょう。VSCodeから以下のように test.txt ファイルを追加します。

ファイルの追加ボタンからファイルを追加する

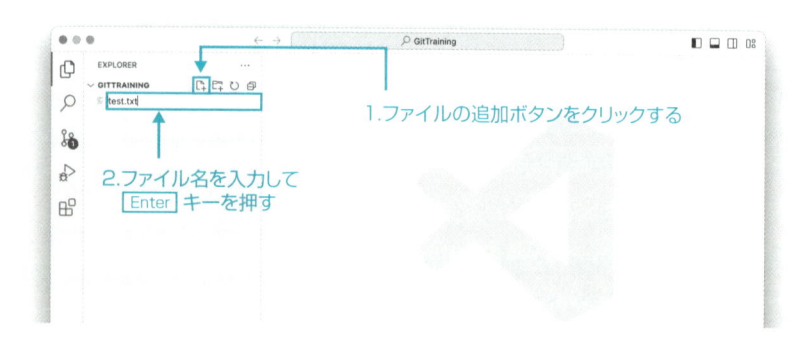

git statusコマンドを使用することで、リポジトリの変更状態を確認できます。

書式：git status

```
git status
```

```
> git status Enter    ←── リポジトリの状態を確認する
On branch master

No commits yet

Untracked files:
  (use "git add <file>..." to include in what will be committed)
      test.txt    ←── 作成した test.txt が「Untracked files」として表示された

nothing added to commit but untracked files present (use "git
add" to track)
```

　実行結果を確かめてみると、作成したtest.txtが「Untracked files」として表示されています。**Untracked**は、まだリポジトリに変更の追跡がされていないファイルのことで、バージョン管理されていないファイルを示しています。また、スナップショットに含める前のリポジトリへの変更は**ワーキングディレクトリ**という一時保存領域に蓄えられていき、ワーキングディレクトリに蓄えられた変更の中から、変更履歴に記録したい変更を選んでスナップショットに含めていきます。

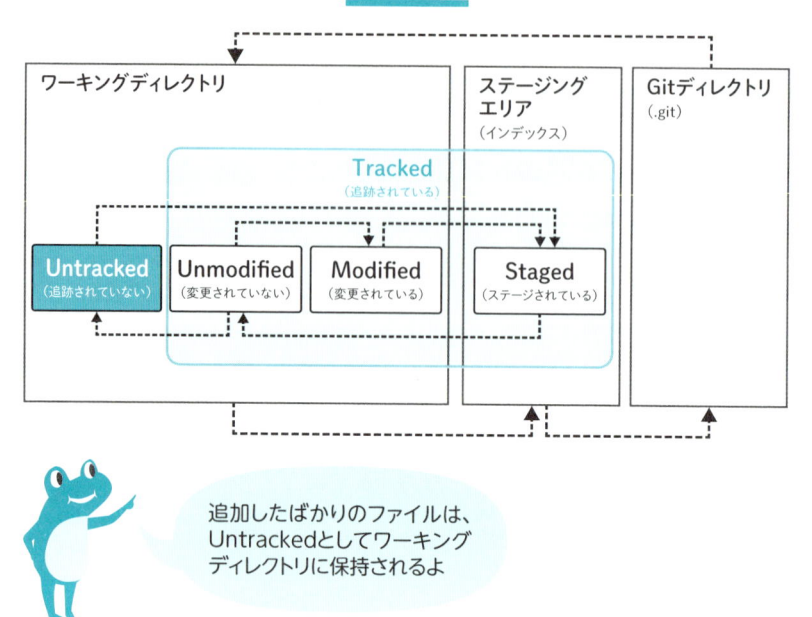

Untracked

追加したばかりのファイルは、Untrackedとしてワーキングディレクトリに保持されるよ

記録する変更として作成したファイルを選ぶ

　Untrackedのファイルはまだ変更が追跡されておらず、最初の状態をスナップショットに含めた時点から、変更が追跡されるようになります。このスナップショットに変更を含める作業のことを**ステージ**と言い、**git add**コマンドを使用することで、変更をステージすることができます。先ほど作成したtest.txtをステージしてみましょう。

書式：git add

```
git add { ファイル名 }
```

```
> git add test.txt Enter   ←── 変更をステージする
> git status Enter   ←── リポジトリの変更状態を確認する
On branch master

No commits yet

Changes to be committed:
  (use "git rm --cached <file>..." to unstage)
      new file:  test.txt   ←── test.txt がステージされた変更として表示された
```

　git addコマンドを実行してからgit statusコマンドで状態を確認
すると、「Changes to be committed」の「new file」としてファイル
名が表示されます。ステージされた変更はStagedとして扱われ、ス
テージされた変更が蓄えられる場所を**ステージングエリア**または**イ
ンデックス**と呼びます。また、Untrackedだったファイルは**Tracked**
となり、以降、変更が追跡されるようになります。

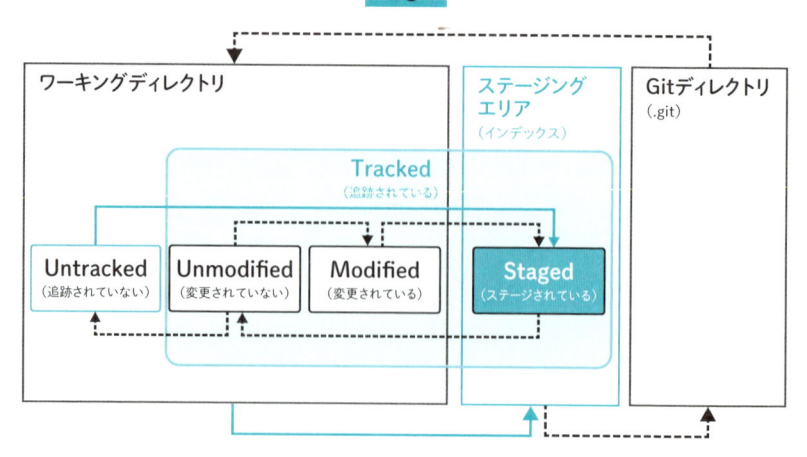

Staged

ワーキングディレクトリ

ステージング
エリア
（インデックス）

Gitディレクトリ
（.git）

Tracked
（追跡されている）

Untracked
（追跡されていない）

Unmodified
（変更されていない）

Modified
（変更されている）

Staged
（ステージされている）

スナップショットに変更を含める
ことをステージというよ

リポジトリに変更履歴（コミット）を記録する

　test.txtをスナップショットに含めることができたので、変更履歴
の記録を行いましょう。変更履歴を記録する操作や記録された変更
履歴のことを**コミット**と言います、コミットを行うには**git commit**
コマンドを使用します。

```
git commit [オプション]
```

　また、コミットする際、その変更がどういった内容であるかを説
明する**コミットメッセージ**を付けることができます。コミットメッ
セージはエディタを使って、複数行に渡る詳細な内容を記述するこ
とも可能ですが、**-m**オプションを使うことで、簡単なメッセージを

付けることができます。ここではオプションを使ってコミットメッセージを付けてみましょう。メッセージの部分は"（ダブルクォーテーション）で囲って記述します。

```
                              コミットメッセージを付けてコミットする
> git commit -m "test.txtの作成" Enter
[master (root-commit) 199f110] test.txtの作成    作成されたコ
1 file changed, 0 insertions(+), 0 deletions(-)   ミットの情報
                                                  が表示される
create mode 100644 test.txt
```

　コミットが成功すると、ステージされた変更を反映した状態が変更履歴の最新となるため、以下のようにワーキングディレクトリに変更が無い旨のメッセージが表示されます。

```
> git status Enter    ←── リポジトリの変更状態を確認する
On branch master
nothing to commit, working tree clean    ←── 変更が無くなった
```

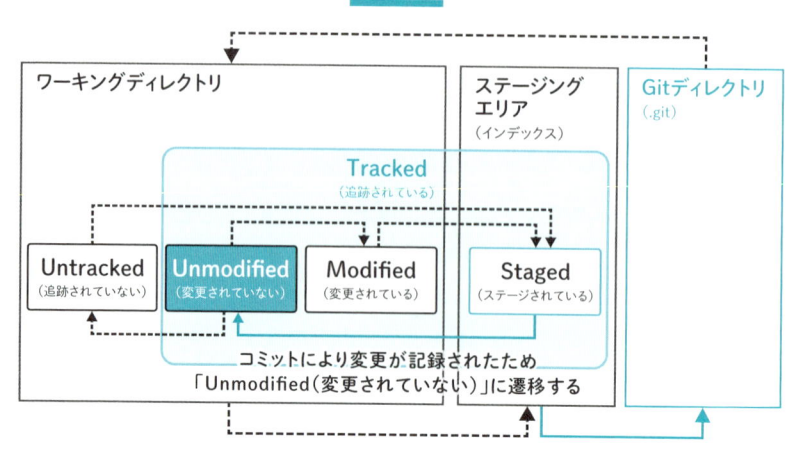

Commit

ワーキングディレクトリ
ステージングエリア（インデックス）
Gitディレクトリ（.git）

Tracked（追跡されている）

Untracked（追跡されていない）
Unmodified（変更されていない）
Modified（変更されている）
Staged（ステージされている）

コミットにより変更が記録されたため
「Unmodified（変更されていない）」に遷移する

ステージされた変更を反映
したスナップショットが変更
履歴に記録されるよ

記録したコミットを確認する

　記録したコミットを確認してみましょう。記録したコミットは git log コマンドで確認することができます。

書式：git log

```
git log [オプション]
```

```
> git log Enter   ←── コミット履歴を表示する
commit 199f110cc27715d52b33d47cb4a19fdd3a927bd2 (HEAD
-> master)   ←── 先ほど作成したコミットの情報が表示される
Author: ユーザ名 ＜メールアドレス＞
Date:   日時

    test.txt の作成   ←── 指定したコミットメッセージ
```

　実行結果を確認すると、まず、commitの欄に記載されているのは、変更履歴の中でコミットを一意に識別するIDのようなもので、**コミットハッシュ**と呼ばれます。また、Authorの欄にgit configコマンドで設定したユーザ名とメールアドレスが表示されており、その下に記録された日付と、コミットメッセージとして設定した文字列が表示されています。

ファイルを編集してコミットしてみよう

　変更履歴に追加したファイルに変更を加えてみましょう。次のようにVSCodeからファイルに対して文字列を書き込み、Windowsであれば Ctrl + S 、Macであれば Command + S のショートカットで、編集内容を保存します。

test.txt に「Hello, world」を追記する

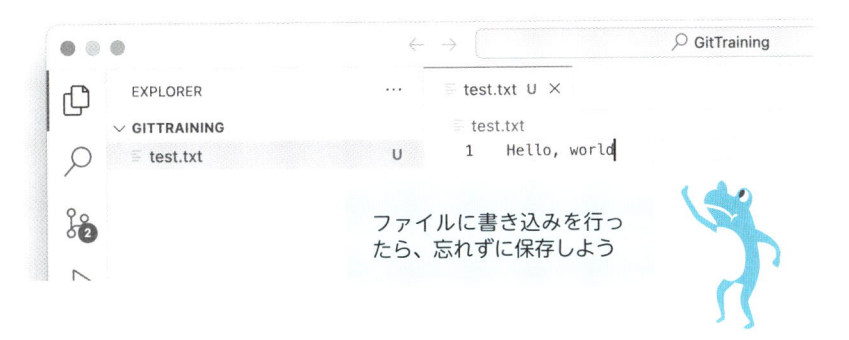

ファイルに書き込みを行ったら、忘れずに保存しよう

　git status コマンドを実行してリポジトリの状態を確認してみましょう。

```
> git status Enter    ← リポジトリの変更状態を確認する
On branch master
Changes not staged for commit:
```

```
 (use "git add <file>..." to update what will be committed)
 (use "git restore <file>..." to discard changes in working
 directory)
     modified:  test.txt    ←── 編集した test.txt が「modified」
                                  として表示された

no changes added to commit (use "git add" and/or "git commit
-a")
```

　実行結果を確認すると、「Changes not staged for commit」に
「modified」としてファイル名が表示されます。リポジトリに追跡
されているファイルに対して新たな変更が加わると、ファイルは
Modified状態となります。

<u>Modified</u>

```
┌─ワーキングディレクトリ──────────────┐ ┌─ステージング───┐ ┌─Gitディレクトリ─┐
│                                      │ │ エリア         │ │ (.git)         │
│        ┌─ Tracked ─────────────────┐ │ │（インデックス） │ │                │
│        │   （追跡されている）        │ │ │                │ │                │
│ ┌────────┐ ┌────────┐ ┌────────┐     │ │ ┌────────┐     │ │                │
│ │Untracked│ │Unmodified│ │Modified│   │ │ │ Staged │     │ │                │
│ │（追跡され│ │（変更され│ │（変更され│  │ │ │（ステージ│    │ │                │
│ │ていない）│ │ていない）│ │ている）  │  │ │ │されている）│  │ │                │
│ └────────┘ └────────┘ └────────┘     │ │ └────────┘     │ │                │
│        └──────────────────────────┘ │ │                │ │                │
└──────────────────────────────────┘ └───────────────┘ └───────────────┘
```

変更が加えられたファイルは、
「Modified」状態になるよ

　この変更も、ファイルを追加した時と同じようにステージ・コミッ
トすることができます。変更をコミットしてみましょう。

```
> git add test.txt Enter  ← 変更をステージする        コミットメッセージを
                                                付けてコミットする
> git commit -m "test.txtへ「Hello,world」を追記" Enter
[master bf87678] test.txtへ「Hello,world」を追記
 1 file changed, 1 insertion(+)
```

　git logコマンドで変更履歴の状態を確認すると、新たなコミットが加わっていることが確認できます。

```
> git log Enter  ← コミット履歴を表示する
commit bf87678f412e784160d22ddaa0fc8464a4f1dc45 (HEAD
-> master)  ← 新たに作成したコミット
Author: ユーザ名 <メールアドレス>
Date:  日時

    test.txtへ「Hello,world」を追記
                                    最初に作成したコミット
commit 199f110cc27715d52b33d47cb4a19fdd3a927bd2
Author: ユーザ名 <メールアドレス>
Date:  日時

    test.txtの作成
```

　画面に「：」が表示された場合は q キーで終了します（次ページのコラム参照）。

git log の結果表示画面の操作方法

変更履歴が長くなってくると、コマンドラインの画面内に実行結果が入りきらなくなるため、Gitではページャーと呼ばれるページ送りプログラムで実行結果を表示します。ページャーはgit configコマンドによりカスタマイズ可能ですが、デフォルトではlessというコマンドが設定されており、以下のようなキー操作で表示内容を操作します。

主なキー操作

キー	動作
q	終了
e	1行進む
y	1行戻る
f	1ページ分進む
b	1ページ分戻る

また、ページャー操作中にhキーを押すことで、キー操作のヘルプを表示することができます。

SUMMARY OF LESS COMMANDS

Commands marked with * may be preceded by a number, N.
Notes in parentheses indicate the behavior if N is given.
A key preceded by a caret indicates the Ctrl key; thus ^K is
ctrl-K.

 h H   Display this help.
 q :q Q :Q ZZ   Exit.

                  MOVING

 e ^E j ^N CR * Forward one line   (or N lines).
 y ^Y k ^K ^P * Backward one line   (or N lines).

˜ 省略 ˜

変更を取り消してみよう

 コミット前の変更を取り消そう

　誤ってコミットに含めたくない変更をステージしてしまった場合、**git restore** コマンドを使用することで、変更をワーキングディレクトリに戻すこと（**アンステージ**）ができます。まずは、test.txt に対して画面のような変更（「こんにちは、世界」を追記）を行い、ステージしてみましょう。

test.txt に「こんにちは、世界」を追記する

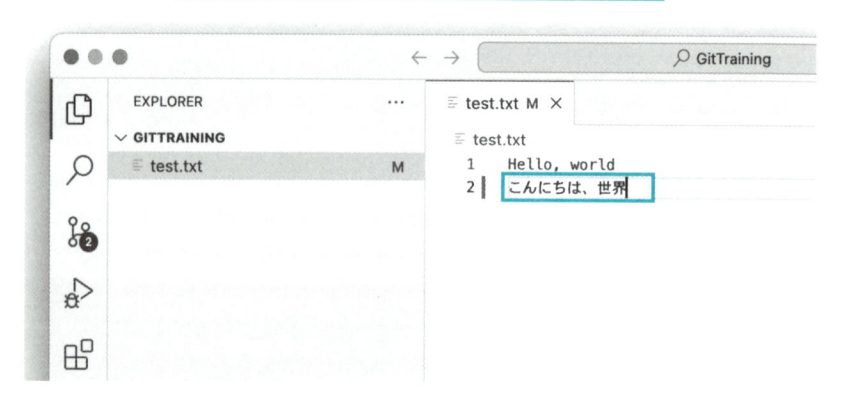

```
> git add test.txt Enter   ←── 変更をステージする
> git status Enter   ←── リポジトリの変更状態を確認する
On branch master
```

```
Changes to be committed:
  (use "git restore --staged <file>..." to unstage)
    modified:  test.txt
```

　ここで、**git status**コマンドの実行結果のメッセージの中に「use "git restore --staged <file>..." to unstage」という文が含まれていることが確認できると思います。このメッセージに従ってコマンドを実行することで、変更をアンステージすることができます。以下のコマンドを実行してみましょう。

書式：git restore

```
git restore［オプション］{ファイル名}
```

```
> git restore --staged test.txt Enter    ← 変更をアンステージする
```

　もう一度**git status**コマンドを実行してみると、変更がワーキングディレクトリに戻ったことが確認できます。

```
> git status Enter    ← リポジトリの変更状態を確認する
On branch master
Changes not staged for commit:
  (use "git add <file>..." to update what will be committed)
  (use "git restore <file>..." to discard changes in working
directory)
    modified:  test.txt    ← ステージ前の変更として表示された

no changes added to commit (use "git add" and/or "git commit
-a")
```

また、「use "git restore <file>..." to discard changes in working directory」のメッセージに従ってコマンドを実行することで、ワーキングディレクトリの変更を取り消すことができます。

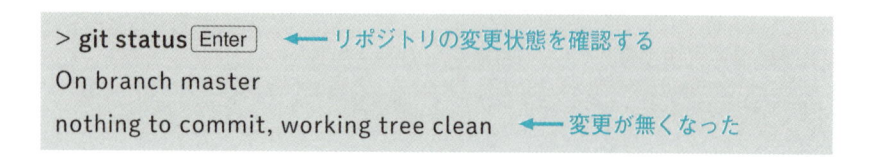

> **git restore test.txt** Enter　←── 変更を取り消す

　git status コマンドを実行してみると、変更の表示がなくなり、test.txt の変更も破棄されていることが確認できます。

> **git status** Enter　←── リポジトリの変更状態を確認する
On branch master
nothing to commit, working tree clean　←── 変更が無くなった

test.txtの変更が破棄されている

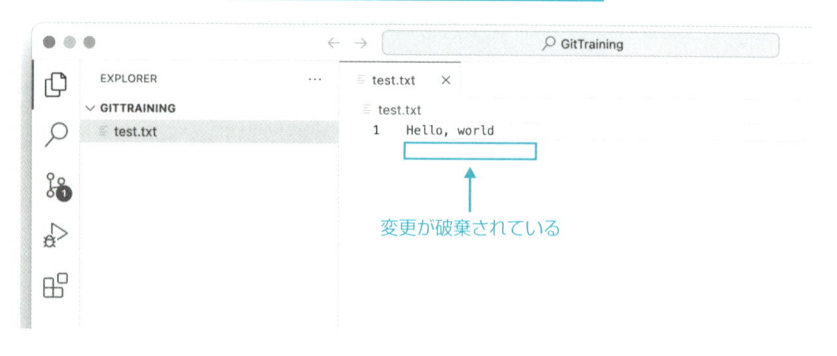

変更が破棄されている

コミットを取り消そう

　変更履歴を更新していくと、意図しない変更を間違ってコミットしてしまうことがあります。そのような場合には、記録したコミットを取り消すための手段が用意されています。練習のため、以下のような間違った変更をコミットし、それを取り消す方法について見ていきましょう。test.txtに次の画面のように追記します。

test.txtに「Goodby」を追記する

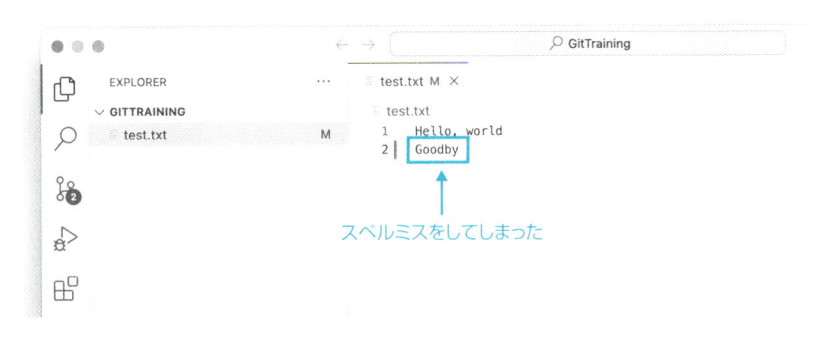

> git add test.txt [Enter] ←──変更をステージする
> git commit -m "test.txtへ「Goodbye」を追記" [Enter]
[master b41c09c] test.txtへ「Goodbye」を追記
1 file changed, 2 insertions(+), 1 deletion(-)

コミットメッセージを
付けてコミットする

コミットを取り消す主な方法は2つ

　間違って記録したコミットを取り消す方法は主に2つあり、コミットが記録される前の状態まで変更履歴を巻き戻す方法（**リセット**）と、コミット自体は履歴に残した状態で、そのコミットを打ち消すコミットを記録する方法（**リバート**）があります。

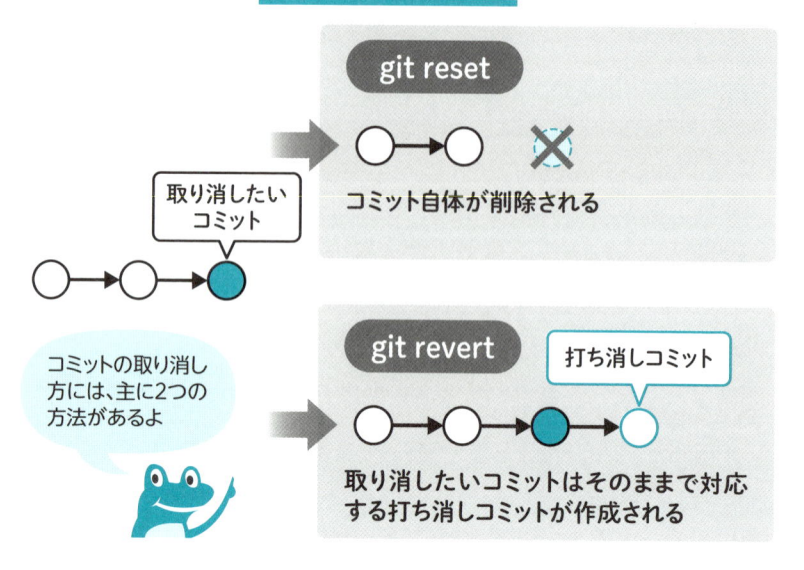

コミットの取り消し方

git reset

取り消したい
コミット

コミット自体が削除される

コミットの取り消し
方には、主に2つの
方法があるよ

git revert　打ち消しコミット

取り消したいコミットはそのままで対応
する打ち消しコミットが作成される

　どちらもコミットが記録される前の変更状態に戻すことができる
のは同じですが、リセットした場合、巻き戻した時点以降に記録さ
れていたコミットは削除されてしまうため、取り消したコミットを
残しておきたいかどうかによって使い分けます。

方法 1 - コミットの巻き戻し（リセット）

　まずはコミットを巻き戻す方法（リセット）を試してみましょう。
リセットでは戻したい時点のコミットを指定し、その時点まで変更
履歴を巻き戻しますが、使用するモードによって動作の違いがあり、
誤って使用すると、意図しない変更状態となってしまう可能性があ
るため、まずはそれぞれの動作の違いについて理解しておきましょ
う。

　モードによる動作の違いを理解する上で重要なのが、ワーキング
ディレクトリ、ステージングエリア、そして **HEAD** です。これま

で、ステージする前の変更を蓄えておく領域がワーキングディレク
トリ、ステージされた後の変更を蓄えておく領域がステージングエ
リアと説明してきました。さらに、コミットされたスナップショッ
トは変更履歴に記録されていきますが、現在自分が参照しているコ
ミットを示す**HEAD**と呼ばれるポインタ（位置を指し示すもの）が存
在し、コミットが記録されるたびにHEADの位置も移動していきま
す。ワーキングディレクトリやステージングエリアの変更は、HEAD
が指し示すコミットの状態をベースとして検出されます。

ワーキングディレクトリ、ステージングエリア、HEADの関係

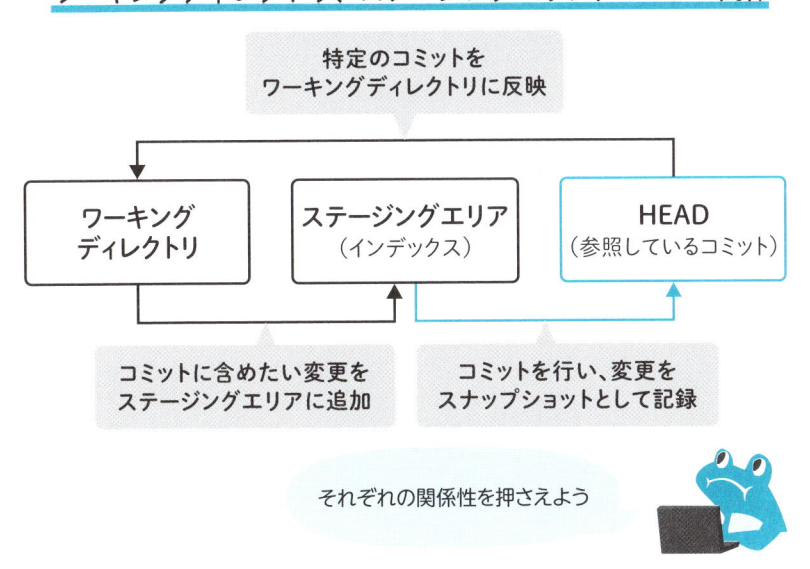

それぞれの関係性を押さえよう

　これら3つのうち、どの状態を巻き戻すかに応じて次のような動作
モードオプションが存在し、オプションを指定しない場合はmixed
の動作になります。

git reset コマンドの動作モードオプション

動作モードオプション	動作
--soft	HEADの位置のみ巻き戻す（コミット操作のみを取り消す）
--mixed（デフォルト）	HEADの位置とステージングエリアの状態を巻き戻す（コミット操作とステージ操作を取り消す）
--hard	HEAD、ステージングエリア、ワーキングディレクトリの状態を巻き戻す（すべての変更を取り消す）

　実際にコマンドを実行して動作を確認してみましょう。まずは戻したい時点（今回は練習用のコミットの一つ前）のコミットハッシュを確認する必要があるため、**git log** コマンドを実行します。

```
> git log Enter   ← コミット履歴を表示する
commit b41c09cdfe4df66705fa4e0732e7a67dc9ccab6d (HEAD
-> master)
Author: ユーザ名 <メールアドレス>
Date:   日時

    test.txtへ「Goodbye」を追記
                        戻したい時点のコミットハッシュを
                        確認する
commit bf87678f412e784160d22ddaa0fc8464a4f1dc45
Author: ユーザ名 <メールアドレス>
Date:   日時

    test.txtへ「Hello,world」を追記

~ 省略 ~
```

　練習用コミットの一つ前に戻すので、上から2つ目のコミット
ハッシュを使用します。（実行例では「bf87678f412e784160d22d
daa0fc8464a4f1dc45」となっていますが、コミットハッシュは実行
環境ごとに異なるため、ご自身の実行結果に置き換えてください。）
また、練習用のコミットが履歴の最新となるため、コミットハッ
シュの横に「HEAD」が指定されていることも確認できます。コミッ
トハッシュを確認できたら、以下の書式でコマンドを実行してみま
しょう。まずはsoftを試してみます。

書式：git reset

> git reset［オプション］｛コミットハッシュ｝

> git reset --soft bf87678f412e784160d22ddaa0fc8464a4f1
dc45 Enter ← コミットを巻き戻す(soft)

　git logコマンドで確認すると、指定したコミットにHEADが移り、
練習用コミットが取り消されていることが確認できます。

> git log Enter ← コミット履歴を表示する
commit bf87678f412e784160d22ddaa0fc8464a4f1dc45 (HEAD
-> master) ← コミットが巻き戻された
Author: ユーザ名 <メールアドレス>
Date:　日時

　　test.txtへ「Hello,world」を追記

~省略~

また、**git status** コマンドでリポジトリの状態を確認してみると、変更内容がステージされた状態に戻っており、test.txtの状態は変化していないことが確認できます。

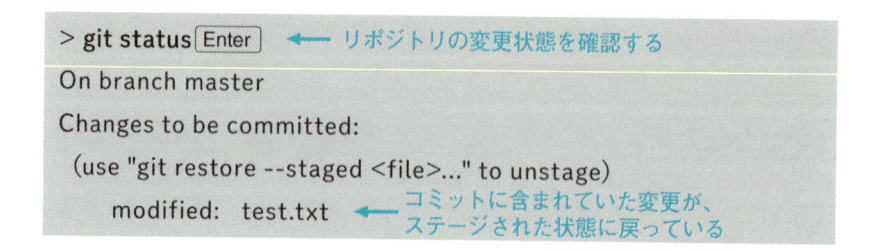

test.txtの変更は残ったまま

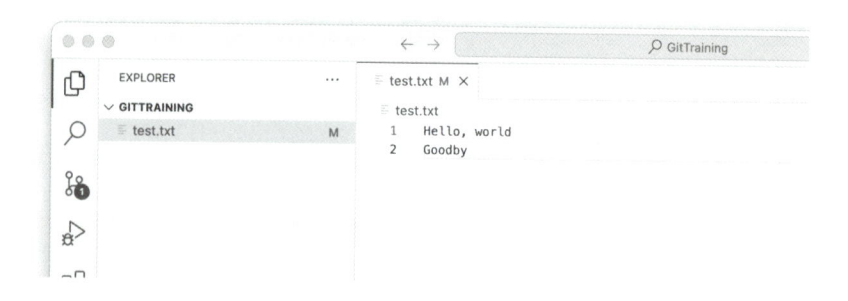

　softの動作では、HEADの位置のみが巻き戻る（コミットのみが取り消される）ため、取り消されたコミットに含まれていた変更はステージされた状態になります。

git reset --soft

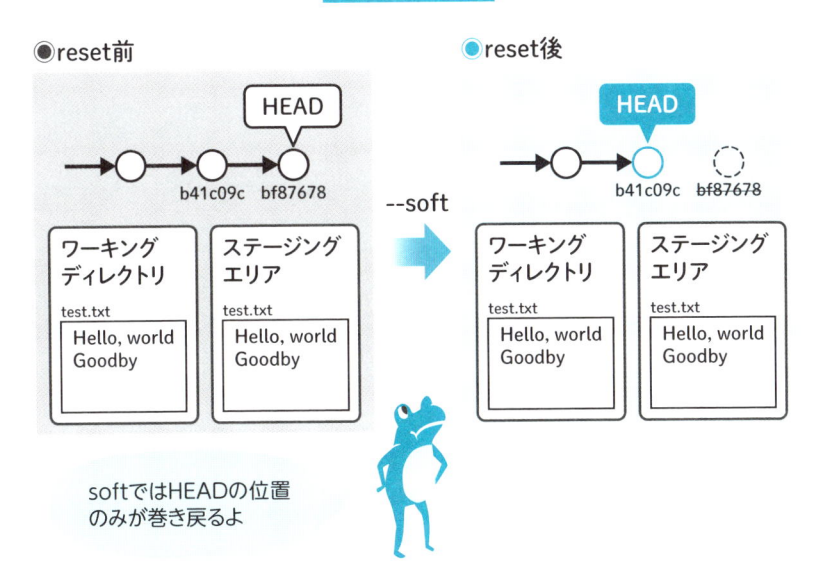

続いて mixed を試してみましょう。こちらはデフォルト動作なので、オプションを指定せずに **git reset** コマンドを実行します。もう一度変更をコミットし、以下のコマンドを実行してみましょう。

git log コマンドの出力や test.txt の状態は soft と変わりませんが、**git status** コマンドの実行結果を確認してみると、こちらは変更内容がステージ前の状態に戻っていることが確認できます。

```
> git status [Enter]    ←  リポジトリの変更状態を確認する
On branch master
Changes not staged for commit:
  (use "git add <file>..." to update what will be committed)
  (use "git restore <file>..." to discard changes in working
directory)
        modified:  test.txt  ←  コミットに含まれていた変更が、
                                  ステージ前の変更として表示された

no changes added to commit (use "git add" and/or "git commit -a")
```

　HEADの位置に加え、ステージングエリアの状態も巻き戻ったことで、変更がステージ前の状態に戻っています。注意点としては、コマンド実行前にステージしていた変更も含めて、ステージ前の状態に戻ってしまうため、それらの変更をスナップショットに含めたい場合は、もう一度ステージする必要があります。

git reset --mixed

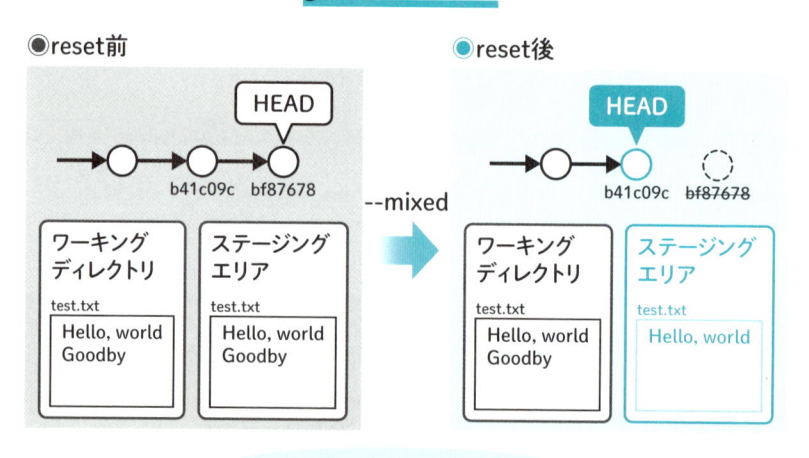

●reset前 / ●reset後

mixedではHEADの位置と
ステージングエリアの状態が巻き戻るよ

　最後にhardを試してみましょう。もう一度変更をコミットし、以下のコマンドを実行します。

```
> git reset --hard bf87678f412e784160d22ddaa0fc8464a4f1
dc45 Enter   ◀── コミットを巻き戻す (hard)
HEAD is now at bf87678 test.txtへ「Hello,world」を追記
```

　git logコマンドの出力はこれまでのオプションと変わりませんが、git statusコマンドの実行結果を確認してみると、変更の表示がなくなり、test.txtの変更も破棄されていることが確認できます。

```
> git status Enter   ◀── リポジトリの変更状態を確認する
On branch master
nothing to commit, working tree clean   ◀── コミットに含まれていた
                                             変更が破棄された
```

test.txtの変更が破棄されている

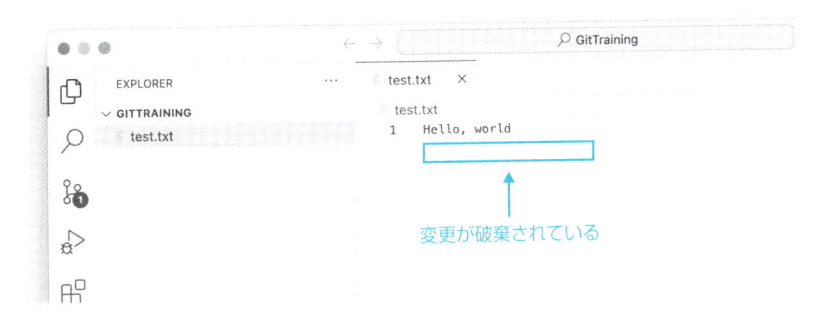

変更が破棄されている

　hardではHEAD、ステージングエリア、ワーキングディレクトリのすべての状態が巻き戻り、コミットされていない変更も含めて破棄されてしまうため、注意が必要です。

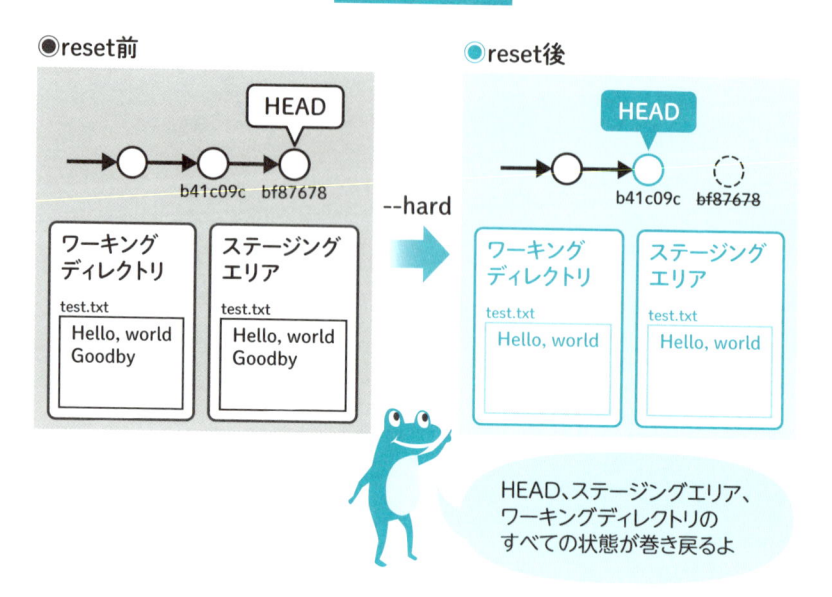

git reset --hard

●reset前 ・reset後

--hard

HEAD、ステージングエリア、
ワーキングディレクトリの
すべての状態が巻き戻るよ

方法 2 - 変更を打ち消すコミットの追加（リバート）

　次に、コミットを打ち消す方法（リバート）を試してみましょう。
リバートでは、取り消したいコミットのコミットハッシュを指定し、
そのコミットを打ち消すコミット（記録されたコミットとは逆の変
更を行うコミット）を記録します。まずは108ページの「コミットを
取り消そう」で行ったように練習用のコミットを行い、新たに記録さ
れたコミットのコミットハッシュを **git log** コマンドで確認してみま
しょう。

```
> git log Enter  ←コミット履歴を表示する
commit 2b3bafa379bd9ea1bb7f4bd20789102bc4bcd508 (HEAD
-> master)  ←打ち消したいコミットのコミットハッシュを確認する
Author: ユーザ名 <メールアドレス>
```

```
Date:  日時

  test.txtへ「Goodbye」を追記

commit bf87678f412e784160d22ddaa0fc8464a4f1dc45
Author: ユーザ名＜メールアドレス＞
Date:  日時

  test.txtへ「Hello,world」を追記

˜省略˜
```

　リバート操作には**git revert**コマンドを使用し、打ち消しコミットのコミットメッセージを編集して記録する流れとなりますが、--no-editのオプションを付けることでコミットメッセージを編集することなくコミットを行うことができます。（コミットメッセージには「Revert "{打ち消すコミットのコミットメッセージ}"」というコミットメッセージが自動的に設定されます）。確認したコミットハッシュを使って、以下のコマンドを実行してみましょう。

書式：git revert

```
git revert［オプション］{コミットハッシュ}
```

```
> git revert --no-edit 2b3bafa379bd9ea1bb7f4bd20789102bc4b
cd508 Enter  ←── コミットを打ち消す      打ち消したコミットの
                                        情報が表示される
[master af4a38b] Revert "test.txtへ「Goodbye」を追記"
Date: 日時
1 file changed, 1 insertion(+), 2 deletions(-)
```

git logコマンドで確認してみると、打ち消しコミットが作成され
ていることがわかります。また、test.txtの変更が破棄されているこ
とも確認できます。

```
> git log Enter    ←── コミット履歴を表示する
commit af4a38bbb064272cc964179ea913a7f1e51cce11 (HEAD
-> master)    ←── 作成された打ち消しコミット
Author: ユーザ名 <メールアドレス>
Date:   日時


    Revert "test.txtへ「Goodbye」を追記"


    This reverts commit 2b3bafa379bd9ea1bb7f4bd20789102bc4b
cd508.


commit 2b3bafa379bd9ea1bb7f4bd20789102bc4bcd508
Author: ユーザ名 <メールアドレス>           ←打ち消したコミット
Date:   日時


    test.txtへ「Goodbye」を追記


～省略～
```

test.txtの変更が破棄されている

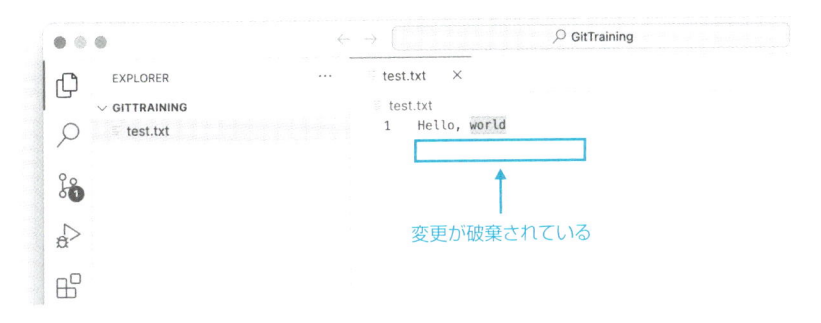

変更が破棄されている

＼Column／

コミットハッシュの省略指定

　コミットハッシュを指定する際、コミットハッシュの先頭から最短4文字目までを、省略して指定することが可能です。

```
> git reset bf87 Enter    ← コミットハッシュの先頭4文字を指定して
                            コミットを巻き戻す
Unstaged changes after reset:
M    test.txt
```

変更履歴を分岐させてみよう

 なぜ変更履歴を分岐させるのか

　プロジェクトやファイルの変更を行っていると、ある変更が適用されているバージョンと別の変更が適用されているバージョンを比べてみたい状況になることがあります。こうした場合、Gitでは変更履歴を分岐させて、それぞれのバージョンの変更履歴を作成することで、簡単にバージョンを切り替えられるようにすることができます。また、分岐させた変更履歴は他の変更履歴に影響を与えずに独立して変更履歴を記録していくことができるため、システム開発などでは、作業ごとに変更履歴を分岐させることでそれぞれの作業を並行して進めていきます。分岐させたそれぞれの変更履歴は**ブランチ**と呼ばれ（ブランチについてはChapter01 30ページで解説）、ブランチを作成する（変更履歴を分岐させる）ことを**ブランチを切る**と言います。また、ブランチは特定のコミットを指すポインタであり、同じコミットを指すこともあれば、別々のコミットを指すこともあります。

ブランチ

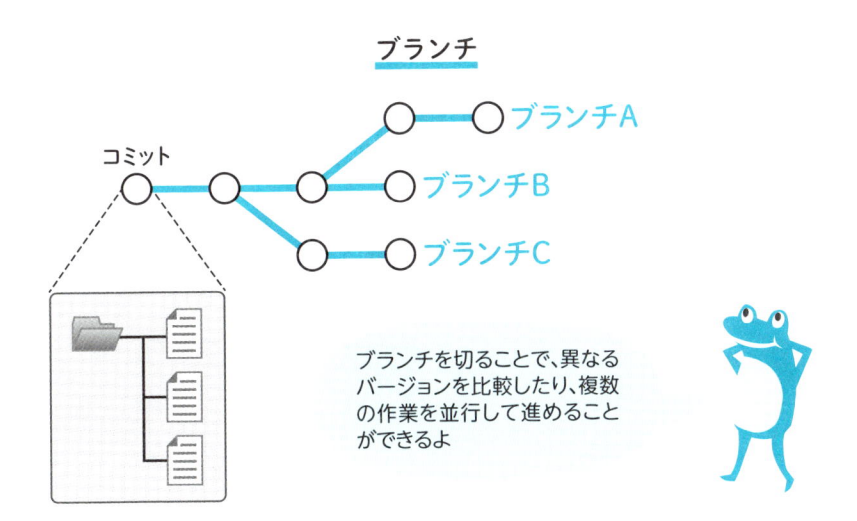

ブランチを切ることで、異なる
バージョンを比較したり、複数
の作業を並行して進めること
ができるよ

 ## 変更履歴の分岐（ブランチ）を作成する

　ここからは実際にブランチを作成し、その動作について確認して
いきますが、最初のコミットを行ったタイミングで、すでに**master**
という名前のブランチが自動で作成されており、変更履歴を分岐さ
せずにコミットを行っていくと、masterブランチの変更履歴として
記録されていきます。**git branch**コマンドを使用することで、リポジ
トリに登録されているブランチの一覧や、現在自分が参照している
ブランチを確認することができるため、まずは現在のブランチの状
態を確認してみましょう。

```
> git branch Enter　←─ ブランチの一覧を表示する
* master　←─ ブランチの一覧が表示された
              （デフォルトでは master ブランチのみ）
```

　実行結果を確認してみると、「*（アスタリスク）」の部分は現在自
分が参照しているブランチを表しており、masterブランチに「*」が
ついています。また、まだブランチを切っていないため、masterの

みが実行結果に表示されています。

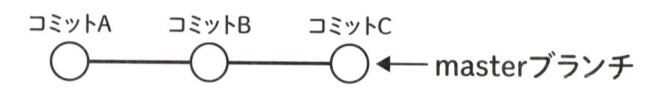

master ブランチのみの状態

コミットA　　コミットB　　コミットC

○────○────○ ← masterブランチ

最初はmasterブランチ
だけが登録されているよ

　この状態から、ブランチ名を指定して **git branch** コマンドを実行することで、現在参照している master ブランチを元とした新しいブランチを作成することができます。新たに「sub」というブランチを切ってみましょう。以下のコマンドを実行してください。

書式：git branch

git branch { ブランチ名 }

> **git branch sub** [Enter]　←─ sub ブランチを作成する

　もう一度 **git branch** コマンドを実行すると、実行結果に sub ブランチが新たに加わっていることが確認できます。

> **git branch** [Enter]　←── ブランチの一覧を表示する
* master
　sub　←── sub ブランチが作成された

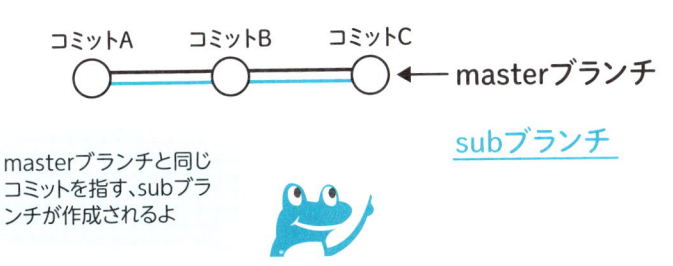

subブランチができた

コミットA　　コミットB　　コミットC

○———○———○　← **master**ブランチ

subブランチ

masterブランチと同じ
コミットを指す、subブラ
ンチが作成されるよ

また、作成したsubブランチ側で変更履歴を記録していくために、参照しているブランチを切り替える必要があります。参照しているブランチを切り替えることを、**チェックアウト**といい、**git checkout**コマンドを使用します。以下のコマンドを実行してsubブランチにチェックアウトしてみましょう。

書式：git checkout

git checkout［オプション］{ブランチ名}

> **git checkout sub** Enter　← sub ブランチにチェックアウトする
Switched to branch 'sub'

　チェックアウトに成功すると、「Switched to branch '{ブランチ名}'」というメッセージが表示されます。**git branch**コマンドで現在のブランチの状態を確認してみると、「*」の位置がsubに切り替わっていることが確認できます。

> **git branch** Enter　← ブランチの一覧を表示する
　master
* sub　← 参照しているブランチが切り替わった

チェックアウトは、110ページ（「方法 1 - コミットの巻き戻し（リセット）」参照）で解説したHEADをブランチが指すコミットに移動する操作であり、HEADが移動することで、そのコミットの内容を元に、ワーキングディレクトリやステージングエリアの変更が検知されるようになります。

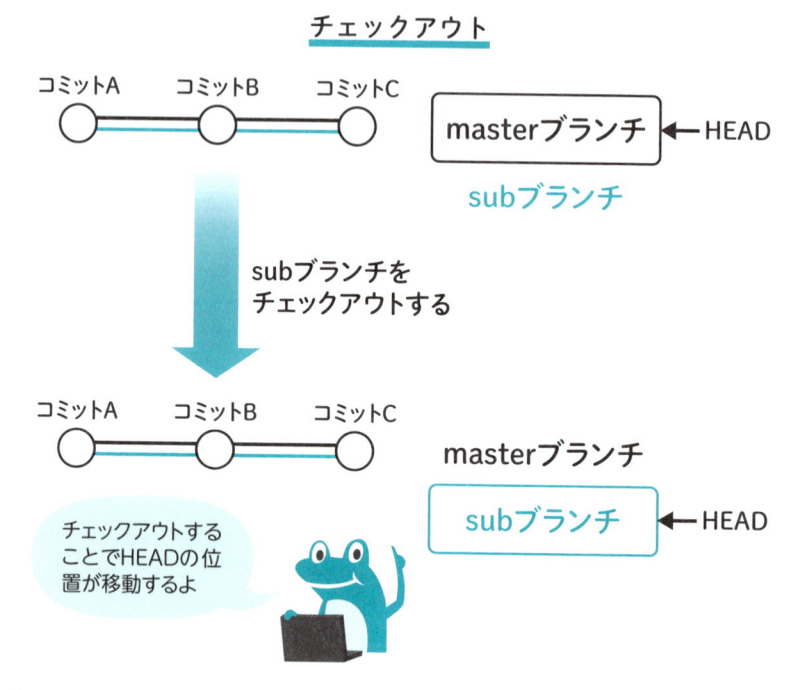

作成したブランチでコミットを記録する

続いて、作成したブランチでコミットを行ってみましょう。ブランチを切ったばかりの状態では、masterブランチとsubブランチは同じコミットを指しているため、どちらのブランチにチェックアウトしていても変更状態は変わりません。subブランチにチェックアウトした状態でコミットを行うことで、subブランチにだけ、新たな変更履歴が追加されます。以下のようにtest.txtを変更し、コミットを

行ってみましょう。

「subブランチの変更」を追記する

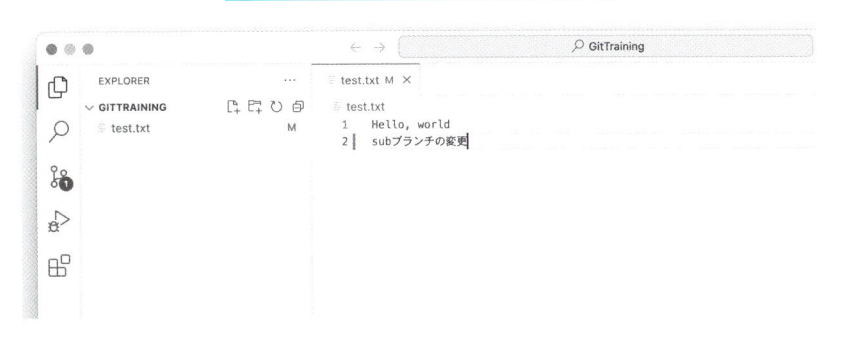

subブランチへコミット

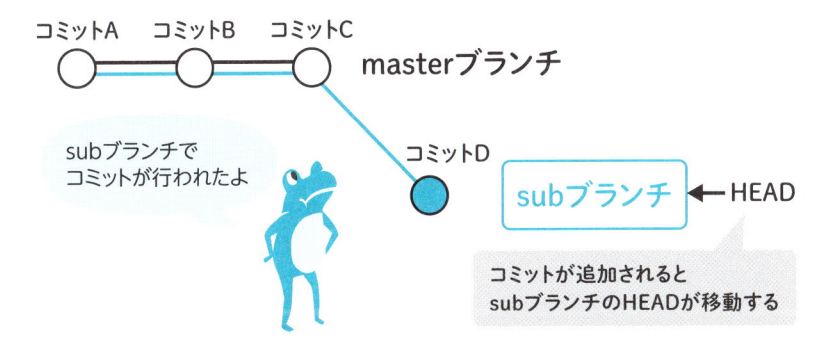

この状態でmasterブランチにチェックアウトすると、masterブランチではtest.txtの変更履歴がないため、「subブランチの変更」を追記する前の状態に戻っていることが確認できます。

```
> git checkout master [Enter]  ← master ブランチにチェックアウトする
Switched to branch 'master'
```

「subブランチの変更」を追記する前の状態に戻った

　masterブランチにsubブランチとは違う変更を加えてコミットすることで、masterブランチとsubブランチをそれぞれ異なるバージョンにすることができます。

「masterブランチの変更」を追記する

```
> git add test.txt [Enter]  ← 変更をステージする   コミットメッセージを
                                                 付けてコミットする
> git commit -m "test.txtへ「masterブランチの変更」を追記" [Enter]
[master 0b7aa25] test.txtへ「masterブランチの変更」を追記
 1 file changed, 2 insertions(+), 1 deletion(-)   ← masterブランチで
                                                    コミットが記録された
```

masterブランチとsubブランチを切り替えると、test.txtの状態もそれぞれのバージョンに切り替わることが確認できます。

masterブランチのtest.txtの状態

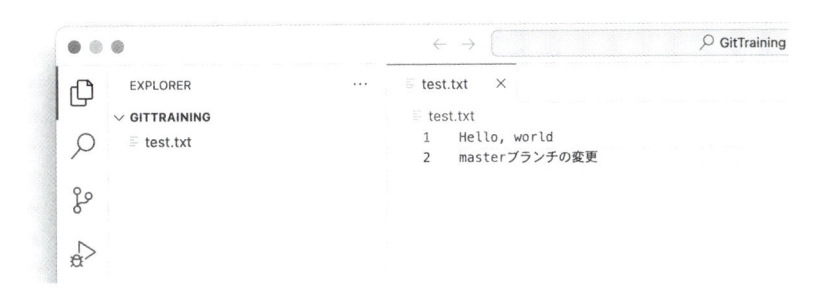

subブランチのtest.txtの状態

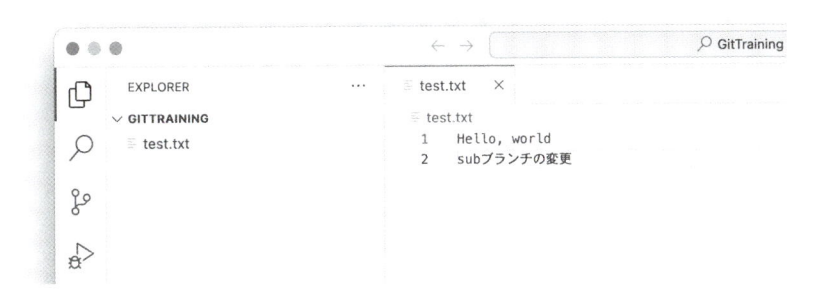

それぞれのブランチに異なる変更履歴ができた

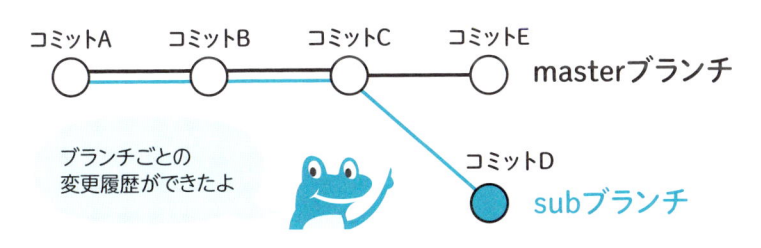

作成したブランチで記録したコミットを確認してみよう

　git logコマンドの--graphオプションと--allオプションを使うことで、masterブランチとsubブランチの変更履歴が分岐している様子を確認することができます。

```
> git log --graph --all Enter  ← オプション付きでコミット履歴を表示する
* commit 0b7aa259f7d241c7e153ee384a0a833aa0580329 (HEAD
-> master)  ← master ブランチで記録したコミット
¦ Author: ユーザ名 ＜メールアドレス＞
¦ Date:  日時
¦
¦   test.txtへ「masterブランチの変更」を追記
¦
¦ * commit 4e987505b375240292ba50bf8fa51103ee6cfbec (sub)
¦/  Author: ユーザ名 ＜メールアドレス＞ ← sub ブランチで記録したコミット
¦   Date:  日時
¦
¦     test.txtへ「subブランチの変更」を追記
¦
* commit af4a38bbb064272cc964179ea913a7f1e51cce11
¦ Author: ユーザ名 ＜メールアドレス＞
¦ Date:  日時
¦

˜ 省略 ˜
```

　実行結果を確認してみると、ブランチを作成した時点から、それぞれのコミットが分岐している様子が「/（スラッシュ）」で表現されていることが確認できます。

ブランチの変更を取り込んでみよう

ブランチの変更の取り込み（マージ）方法は2パターン

Gitでは、あるブランチに対して別のブランチで行われた変更を取り込むための機能として、**マージ**という機能が存在します。マージではブランチを統合する操作を行いますが、それぞれのブランチが指すコミットの位置によって、統合する方法が異なります。

パターン1 - 取り込む側のブランチに新しいコミットが記録されていない場合

まずは、取り込む側のブランチに新しいコミットが記録されていない場合です。この場合、取り込まれるブランチは、取り込む側のブランチに先行してコミットが行われていると考えられるので、取り込む側のブランチを取り込まれるブランチの位置に移動することで、ブランチの状態を一致させます。この処理のことを**ファストフォワード**と言います。

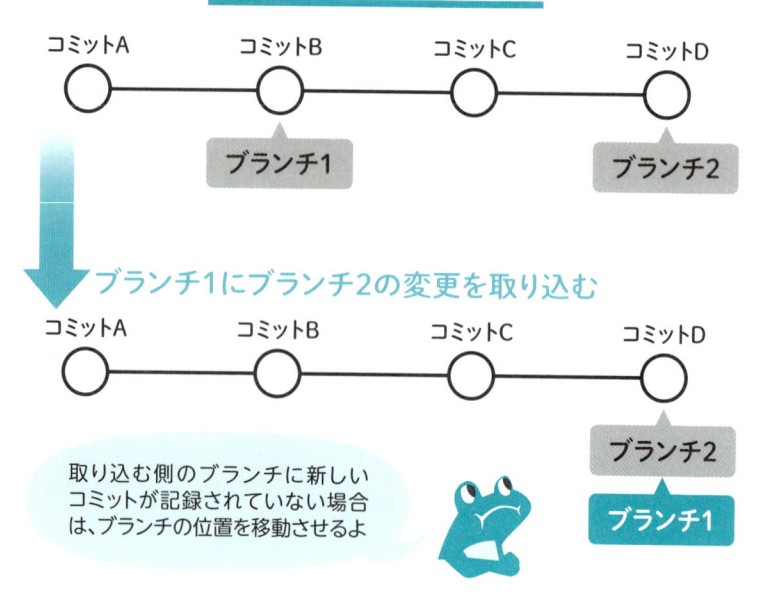

ファストフォワードのマージ

コミットA　コミットB　コミットC　コミットD

ブランチ1

ブランチ2

ブランチ1にブランチ2の変更を取り込む

コミットA　コミットB　コミットC　コミットD

ブランチ2

ブランチ1

取り込む側のブランチに新しいコミットが記録されていない場合は、ブランチの位置を移動させるよ

　実際にマージを行って動作を確認してみましょう。まずは、123ページ（「変更履歴の分岐（ブランチ）を作成する」参照）で行ったように、masterブランチにチェックアウトした状態で「sub2」ブランチを新しく作成し、チェックアウトしてみましょう。

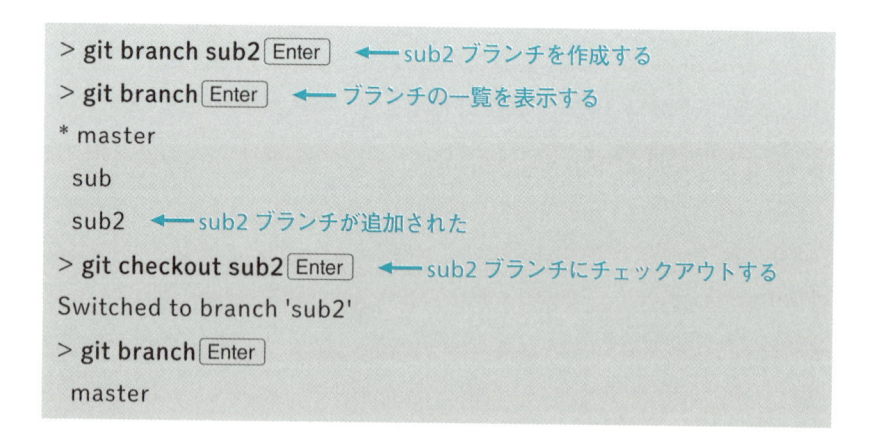

```
> git branch sub2 Enter    ←── sub2 ブランチを作成する
> git branch Enter    ←── ブランチの一覧を表示する
* master
  sub
  sub2    ←── sub2 ブランチが追加された
> git checkout sub2 Enter    ←── sub2 ブランチにチェックアウトする
Switched to branch 'sub2'
> git branch Enter
  master
```

```
 sub
* sub2  ←── sub2 ブランチに切り替わった
```

さらに test.txt に以下のように変更を加え、コミットを行います。

test.txt に「sub2 ブランチの変更」を追記する

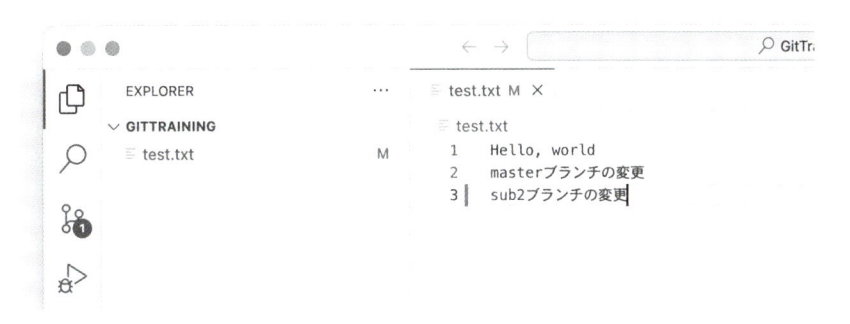

```
> git add test.txt Enter ←── 変更をステージする        コミットメッセージを
                                              ✓ 付けてコミットする
> git commit -m "test.txt へ「sub2 ブランチの変更」を追記" Enter
[sub2 b9f8977] test.txt へ「sub2 ブランチの変更」を追記
 1 file changed, 2 insertions(+), 1 deletion(-)
```

git log コマンドを実行し、変更履歴を確認すると、以下のような
結果になっており、sub2 ブランチだけ新しいコミットに移動してい
るはずです。

```
> git log --graph --all Enter  ←── コミット履歴を確認する
* commit b9f89777b25cae807f6ce64f80cfca1b8b6d5c25 (HEAD
-> sub2)  ←── sub2 ブランチが新しいコミットに移動した
¦ Author: ユーザ名 <メールアドレス>
¦ Date:   日時
¦
```

```
¦   test.txtへ「sub2ブランチの変更」を追記
¦
¦
* commit 0b7aa259f7d241c7e153ee384a0a833aa0580329
(master)
¦ Author: ユーザ名 ＜メールアドレス＞
¦ Date:   日時
¦
¦
¦   test.txtへ「masterブランチの変更」を追記
¦
¦

~ 省略 ~
```

　この状態でmasterブランチにsub2ブランチをマージしてみます。まず取り込む側（この場合はmasterブランチ）にチェックアウトしましょう。

```
> git checkout master Enter  ← master ブランチにチェックアウトする
Switched to branch 'master'
> git branch Enter  ← ブランチの一覧を表示する
* master  ← master ブランチに切り替わった
  sub
  sub2
```

　続けて、以下のコマンドを実行します。

書式：git merge

```
git merge［オプション］{ブランチ名}
```

```
> git merge sub2 Enter   ← 現在参照しているブランチ (master) に、
                            sub2 ブランチをマージする
Updating 0b7aa25..b9f8977
Fast-forward   ← ファストフォワードでマージされた
test.txt ¦ 3 ++-
1 file changed, 2 insertions(+), 1 deletion(-)
```

　実行結果を確認してみると、「Fast-forward」のメッセージが表示されており、**git log**コマンドで変更履歴を確認してみると、masterブランチの位置がsub2ブランチと同じ位置に移動していることが確認できます。また、test.txtの内容を確認してみると、sub2ブランチで行った変更が反映されていることが確認できます。

```
> git log --graph --all Enter   ← コミット履歴を確認する
* commit b9f89777b25cae807f6ce64f80cfca1b8b6d5c25 (HEAD
-> master, sub2)   ← master ブランチも最新のコミットに移動した
¦ Author: ユーザ名 ＜メールアドレス＞
¦ Date:   日時
¦
¦    test.txtへ「sub2 ブランチの変更」を追記
¦
* commit 0b7aa259f7d241c7e153ee384a0a833aa0580329
¦ Author: ユーザ名 ＜メールアドレス＞
¦ Date:   日時
¦
¦    test.txtへ「master ブランチの変更」を追記
¦
¦
  ˜ 省略 ˜
```

sub2ブランチの変更がmasterブランチに取り込まれる

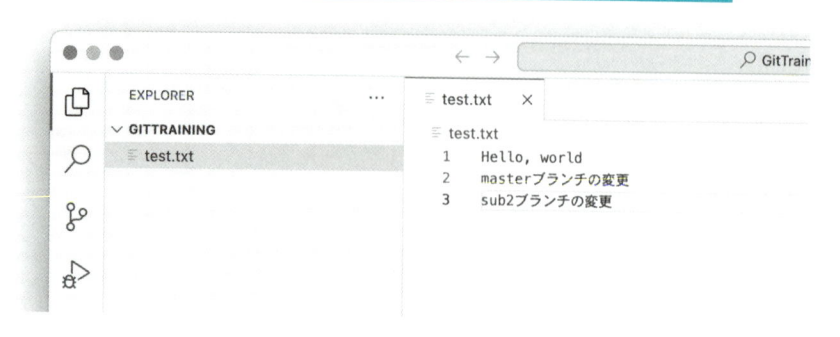

パターン 2 - 取り込む側のブランチに新しいコミットが記録されている場合のマージ

　次に、取り込む側のブランチに新しいコミットが記録されている場合です。これは少々厄介で、変更履歴が分岐しているため、単純にブランチのポインタの位置を移動することができません。この場合、Gitでは、取り込む側のブランチのコミットと取り込まれるブランチのコミット、さらに、2つのブランチで共通のコミットのうち最新のコミット、この3つの状態を比較して、それらを統合した新たなコミットを作成し、取り込む側のブランチをそのコミットに移動させます。この時記録されるコミットは**マージコミット**と呼ばれ、2つのコミットを親に持つ特別なコミットとなります。

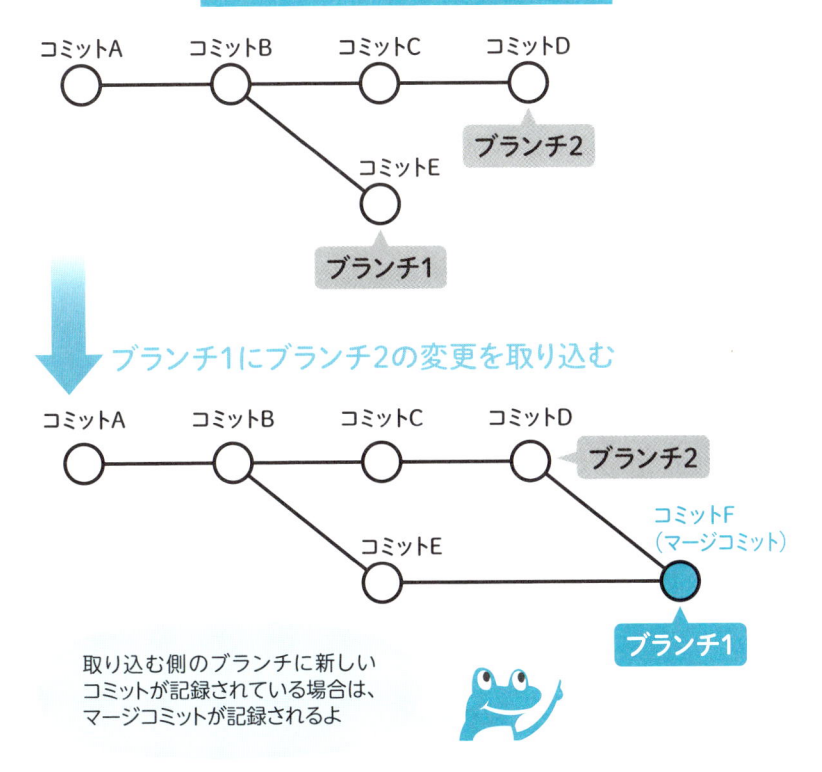

マージコミットが生成されるマージ

ブランチ1にブランチ2の変更を取り込む

取り込む側のブランチに新しい
コミットが記録されている場合は、
マージコミットが記録されるよ

　こちらも実際にマージを行って動作を確認してみましょう。今回はmasterブランチとsub2ブランチそれぞれに、新しいファイルを作成してコミットを行い、masterブランチにsubブランチ2をマージしてみます。まずはmasterブランチで新しいファイルを作成し、コミットを行ってください。

master ブランチで test2.txt を追加

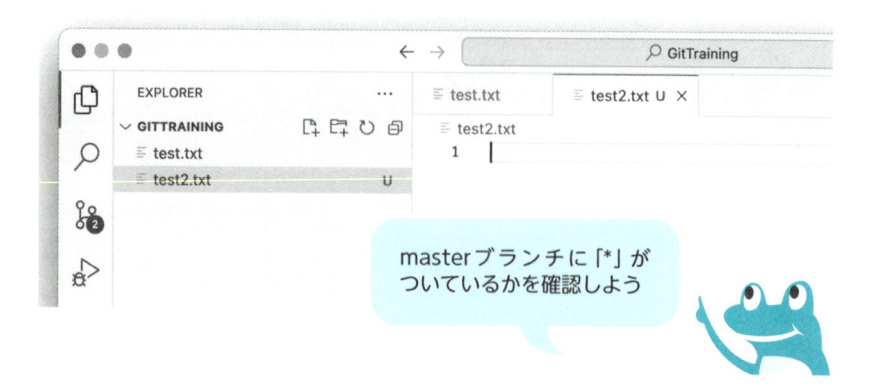

master ブランチに「*」が
ついているかを確認しよう

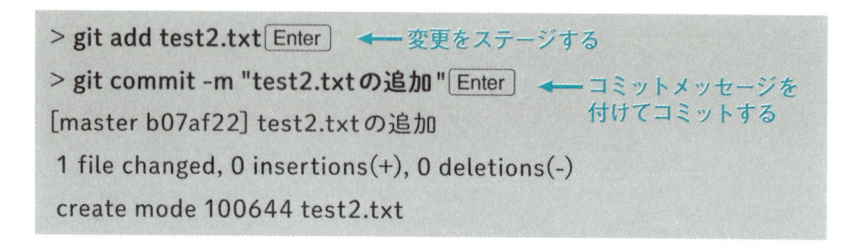

```
> git add test2.txt Enter    ←── 変更をステージする
> git commit -m "test2.txt の追加" Enter   ←── コミットメッセージを
                                              付けてコミットする
[master b07af22] test2.txt の追加
 1 file changed, 0 insertions(+), 0 deletions(-)
 create mode 100644 test2.txt
```

　続いて sub2 ブランチにチェックアウトを行い、新しいファイルを
作成してコミットを行います。

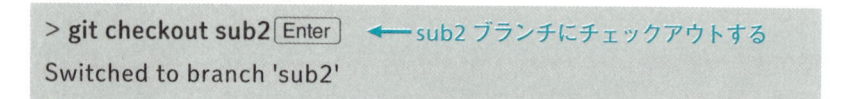

```
> git checkout sub2 Enter   ←── sub2 ブランチにチェックアウトする
Switched to branch 'sub2'
```

sub2 ブランチで test3.txt を追加

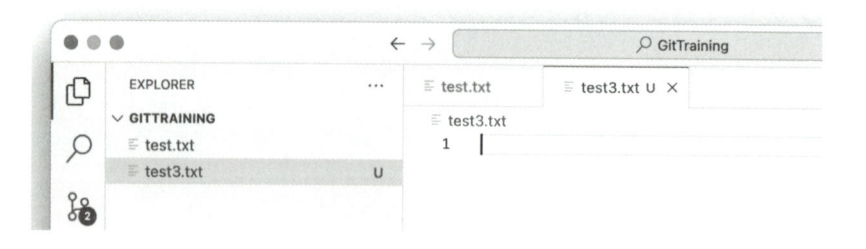

```
> git add test3.txt Enter    ←── 変更をステージする
> git commit -m "test3.txtの追加" Enter    ←── コミットメッセージを
                                              付けてコミットする
[sub2 3568071] test3.txtの追加
 1 file changed, 0 insertions(+), 0 deletions(-)
 create mode 100644 test3.txt
```

　git logコマンドを実行し、変更履歴を確認すると、以下のような
状態になっているはずです。

```
> git log --graph --all Enter    ←── コミット履歴を確認する
* commit 356807180cd95814f59c9d46d0bb1104aa139e6b
(HEAD -> sub2)    ←── sub2 ブランチで記録したコミット
¦ Author: ユーザ名 <メールアドレス>
¦ Date:  日時
¦
¦   test3.txtの追加
¦
¦ * commit b07af22f50b0fb8ccc9361dc3999e8dcda7df43d
(master)    ←── master ブランチで記録したコミット
¦/ Author: ユーザ名 <メールアドレス>
¦  Date:  日時
¦
¦   test2.txtの追加
¦
~ 省略 ~
```

この状態でmasterブランチにチェックアウトし、sub2ブランチをマージしてみます。今回の操作では、新たにマージコミットが作られるため、通常はコミットメッセージを編集して記録する流れとなりますが、118ページ（「方法2 - 変更を打ち消すコミットの追加（リバート）」参照）で行ったリバートと同じように--no-editのオプションを付けることで、コミットメッセージを編集することなくコミットを行うことができます。（コミットメッセージには「Merge branch 'ブランチ名'」というコミットメッセージが自動的に設定されます）。以下のコマンドを実行してみましょう。

```
> git checkout master Enter    ← master ブランチにチェックアウトする
Switched to branch 'master'
> git merge --no-edit sub2 Enter    ← 現在参照しているブランチ (master)
                                       に、sub2 ブランチをマージする
Merge made by the 'ort' strategy.
test3.txt ¦ 0
1 file changed, 0 insertions(+), 0 deletions(-)
create mode 100644 test3.txt
```

git logコマンドを実行し、変更履歴を確認すると、以下のような状態になっているはずです。

```
> git log --graph --all Enter    ← コミット履歴を確認する
*   commit 12ecf7148592fe5caf8f9d20872e860b39e9b322
(HEAD -> master)   ← マージコミットが記録された
¦\  Merge: b07af22 3568071
¦ ¦ Author: ユーザ名 <メールアドレス>
¦ ¦ Date:  日時
¦ ¦
¦ ¦   Merge branch 'sub2'
```

```
| |
| * commit 356807180cd95814f59c9d46d0bb1104aa139e6b
(sub2)
| | Author: ユーザ名 ＜メールアドレス ＞
| | Date:  日時
| |
| |   test3.txtの追加
| |
* | commit b07af22f50b0fb8ccc9361dc3999e8dcda7df43d
|/ Author: ユーザ名 ＜メールアドレス ＞
|  Date:  日時

˜ 省略 ˜
```

　実行結果の内容を確認してみると、2つのコミットが統合された新たなコミットが記録されており、masterブランチがそのコミットに移動していることが確認できると思います。また、プロジェクトの状態を確認してみると、sub2ブランチで作成したtest3.txtが取り込まれていることが確認できます。

sub2ブランチで作成したtest3.txtが取り込まれている

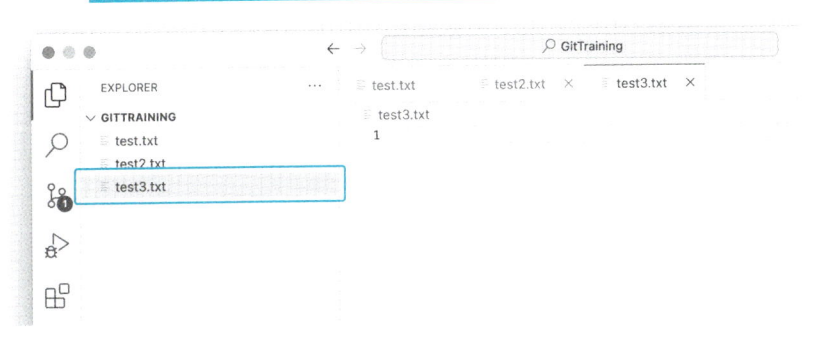

マージすると競合（コンフリクト）が発生することがある

　マージを行う際、それぞれのコミットで同じファイルに対する別々の変更が加えていると、うまく差分を統合できない場合があり、この状態を**コンフリクト**と呼びます。126ページ（「作成したブランチでコミットを記録する」参照）で作成したmasterブランチとsubブランチではtest.txtの同じ行に対して別々の変更を加えており、この状態でブランチのマージを行うとコンフリクトが発生します。masterブランチにチェックアウトしてsubブランチをマージし、実際にコンフリクトが起きた状態を確認してみましょう。以下のコマンドを実行してください。

```
> git merge sub Enter      ←── master ブランチに sub ブランチをマージする
Auto-merging test.txt
                           ↙ test.txt でコンフリクトが発生した
CONFLICT (content): Merge conflict in test.txt
Automatic merge failed; fix conflicts and then commit the result.
```

　実行結果を確認すると、「CONFLICT (content): Merge conflict in test.txt」というメッセージが表示され、test.txtでコンフリクトが発生したことが確認できます。また、**git log**コマンドで変更履歴を確認すると、マージ実行前から状態が変わっていないことが確認できます。

```
> git log --graph --all Enter   ←── コミット履歴を確認する
*   commit 12ecf7148592fe5caf8f9d20872e860b39e9b322
(HEAD -> master)
|\  Merge: b07af22 3568071
| | Author: ユーザ名 <メールアドレス>
| | Date:   日時
```

```
| |
| |    Merge branch 'sub2'
| |

~ 省略 ~
```

　マージ時にコンフリクトが発生するとマージコミットは作成され
ず、代わりに、ファイルに対して特別な変更が加えられます。まずは
git statusコマンドを使ってリポジトリの状態を確認してみましょう。

```
> git status Enter  ←── リポジトリの変更状態を確認する
On branch master
You have unmerged paths.
  (fix conflicts and run "git commit")
  (use "git merge --abort" to abort the merge)

Unmerged paths:
  (use "git add <file>..." to mark resolution)
      both modified:   test.txt  ←── コンフリクトが発生した test.txt が
                                    「Unmerged paths」として表示される

no changes added to commit (use "git add" and/or "git commit
-a")
```

　結果を確認すると、「Unmerged paths」として test.txt が表示され
ています。また、実際のファイルの内容を確認してみると、競合し
た部分に「<<<<<<< HEAD」や「>>>>>>> sub」といった行が書き
込まれており、それらの行に挟まれる形で、両方のブランチの変更
も記述されていることが確認できます。

test.txt に行が書き込まれている

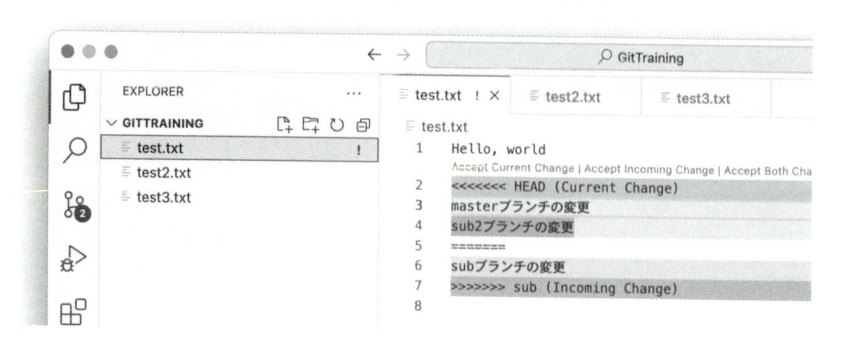

コンフリクトを解消するには

　発生したコンフリクトを解消するには、まずコンフリクトが起きたファイルのすべての競合部分から、ユーザー自身の手で「<<<<<<< HEAD」や「>>>>>>> sub」といった行を削除し、正しい状態に編集した後、改めてコミットを行う必要があります。実際にコンフリクトの解消を体験するため、master ブランチに対してsub ブランチをマージし、sub ブランチの変更を正としてコンフリクトの解消を行います。

コンフリクトを解消する

　それでは実際にコンフリクトを解消していきましょう。まずは以下のようにファイルの編集を行います。

不要な行を削除する

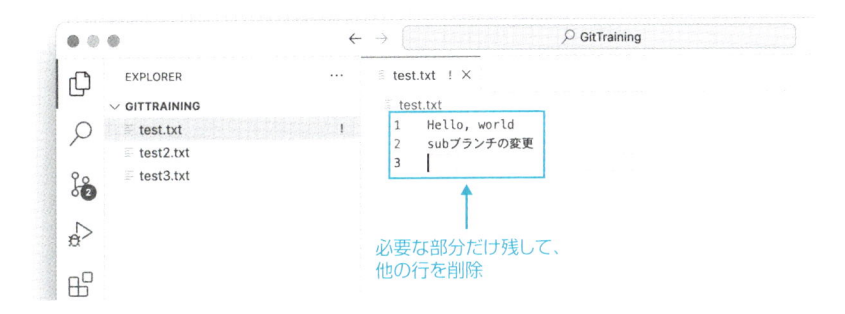

test.txtの編集が終わったら、再度コミットを行います。コミット手順は通常のコミットと変わりませんが、コンフリクトが起きたファイルはステージ前の状態のため、ステージから行う必要があります。

```
> git add test.txt Enter  ←── 変更をステージする
> git commit -m " Merge branch 'sub'" Enter  ←── コミットメッセージを
                                               付けてコミットする
[master 61ea5e9] Merge branch 'sub'
```

実行結果を確認してみると、「[master 61ea5e9] Merge branch 'sub'」と表示され、マージが成功したことが確認できます。また、**git log** コマンドを実行して変更履歴を確認すると、新しいマージコミットが記録されていることが確認できます。

```
> git log --graph --all Enter  ←── コミット履歴を確認する
*  commit 61ea5e982dbff5e35841e27167435e5a0bc695c8
(HEAD -> master)  ←── マージコミットが記録された
|\  Merge: 12ecf71 4e98750
| | Author: ユーザ名 <メールアドレス>
| | Date:  日時
```

```
| |
| |    Merge branch 'sub'
| |
| * commit 4e987505b375240292ba50bf8fa51103ee6cfbec (sub)
| | Author: ユーザ名 <メールアドレス>
| | Date:  日時
| |
| |    test.txtへ「subブランチの変更」を追記
| |
* | commit 12ecf7148592fe5caf8f9d20872e860b39e9b322
|\ \ Merge: b07af22 3568071
| | | Author: ユーザ名 <メールアドレス>
| | | Date:  日時
| | |
| | |    Merge branch 'sub2'
| | |

~省略~
```

　なお、マージ自体を取りやめたい場合は、以下のように**git merge**コマンドに**--abort**オプションを付けて実行することで、マージを中止することができます。

```
> git merge --abort Enter ◀── マージを中止する
```

　また、**git reset**の**--hard**オプションを利用することでもマージを中止することができます。この場合は新しいコミットができていないため、現在のブランチが指している最新のコミットハッシュを指定してコマンドを実行します。ただし、コンフリクトで書き込まれ

た以外の変更も破棄されてしまうため、注意が必要です。

```
> git reset --hard {コミットハッシュ} Enter
```
← git rest --hard を利用
してマージを中止する

\Column/

マージツール

コンフリクトが起きた場合はユーザー自身の手で、競合部分を正しい状態にする必要がありますが、すべての行を手動で編集するのは中々骨の折れる作業です。こうしたマージ作業を簡略化するため、マージツールというソフトウェアを別途インストールして利用することができます。詳細な使い方の説明は省きますが、マージツールには次のようなものがあります。

主なマージツール

マージツール	説明
WinDiff	オープンソースのWindows向けマージツール
opendiff	MacOS上でXcodeをインストールすると利用可となるマージツール
P4Merge	Gitの公式ドキュメントでも紹介されている、ほぼすべての主要なOSに対応したマージツール
vimdiff	vimというCLIベースのテキストエディタを使ってマージを行うツール

以下のようにgit configで設定を行っておくことで、コンフリクトが起きた際にgit mergetoolコマンドを実行すると、指定したマージツールを利用してマージ作業を行うことができます。

```
> git config --global merge.tool {使用したいマージツール} [Enter]
```
← マージツールを設定する

~ コンフリクト発生 ~

```
> git mergetool [Enter]
```
← マージツールを起動する

~ 設定したマージツールが立ち上がる ~

　また、VSCodeにもマージ作業を簡略化する機能が備わっており、コンフリクトが発生したファイルを開いた際に、競合した部分に表示されるメニューのいずれかを選択することで、選択した変更のみを残した状態にすることができます。

VSCodeを使ってコンフリクトを解消する

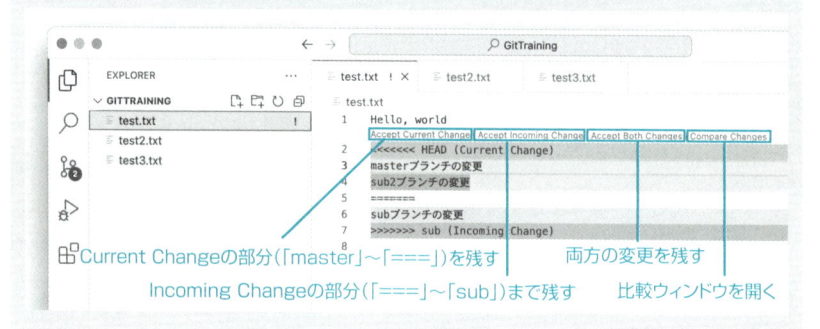

Current Changeの部分（「master」〜「===」）を残す　両方の変更を残す

Incoming Changeの部分（「===」〜「sub」）まで残す　比較ウィンドウを開く

Gitを更に使いこなそう

 ファイルの特定の変更だけをステージする

　これまではファイルに加えられた変更すべてをステージしていました。が、場合によっては、変更の一部だけステージできると便利です。git add コマンドの -p オプションを利用することで、ファイルに加えられた変更の一部だけをステージすることが可能です。実際に試していきましょう。まずは、test.txt に対して次のような変更を行います。

<u>test.txt に「hogehoge」、「fugafuga」を追記</u>

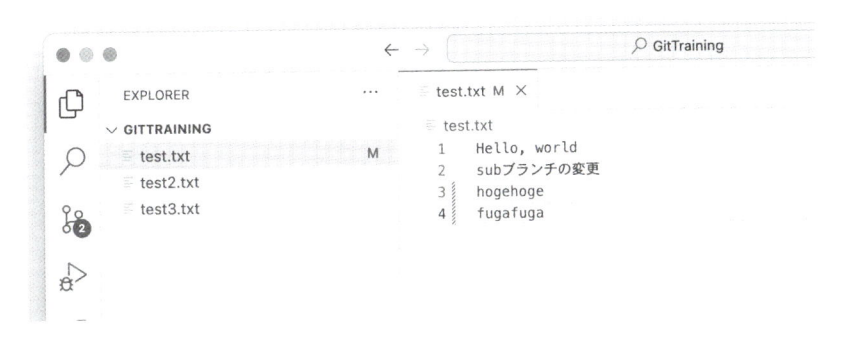

　この状態で次のコマンドを実行してください。

```
> git add -p Enter    ← ステージする変更を選択する
diff --git a/test.txt b/test.txt
index 445c6ac..9a334a0 100644
--- a/test.txt
+++ b/test.txt
@@ -1,2 +1,4 @@
 Hello, world
 subブランチの変更
+hogehoge
+fugafuga
\ No newline at end of file
(1/1) Stage this hunk [y,n,q,a,d,e,?]?    ← 入力待ち状態
```

　コマンドを実行すると、すぐに終了せずに「(1/1) Stage this hunk [y,n,q,a,d,e,?]?」というメッセージが表示され、入力待ちの状態となります。入力待ちの行より上に表示されている内容は、**ハンク**と呼ばれるファイルの変更の一部であり、ステージングエリアとワーキングディレクトリの差分を表示しています。**git add -p** コマンドでは、このハンクごとにステージ処理を行っていくのですが、まずはハンクの内容について確認してきましょう。

　まず、この表記は「ユニファイド形式 diff」と呼ばれる特殊な差分表記であり、最初の4行に比較する2つのファイルに関するメタ情報が表示されます。実行例ではa/test.txt（ステージングエリア）とb/test.txt（ワーキングディレクトリ）の比較であることが示されており、また、「--- a/test.txt」と「+++ b/test.txt」の部分で、「-」マークがステージングエリアの変更、「+」マークがワーキングディレクトリの変更を表すことを示しています。

```
diff --git a/test.txt b/test.txt  ← ステージングエリアの test.txt
                                     (a/test.txt) とワーキングディレクトリ
index 445c6ac..9a334a0 100644       の test.txt(b/test.txt) の比較
--- a/test.txt  ←「 – 」は「 a/test.txt 」の変更
+++ b/test.txt  ←「 + 」は「 b/test.txt 」の変更
```

　「@@ -1,2 +1,4 @@」〜「\ No newline at end of file」は差分の情報
であり、「-1,2」や「+1,4」の部分は、それぞれのtest.txtファイルの
表示部分を示しています（次ページの図参照）。それ以降の部分には、
実際のファイルの内容が表示されており、2つのファイルで共通な部
分はそのまま表示され、それぞれのファイルの差分は、先頭に該当
のファイルを表すマークが付けられます。

```
@@ -1,2 +1,4 @@  ← a/test.txt の 1~2 行目と b/test.txt の
                   1~4 行目を表示
 Hello, world  ← 変更されていない共通部分
 subブランチの変更  ← 変更されていない共通部分
+hogehoge  ← b/test.txt の変更
+fugafuga  ← b/test.txt の変更
\ No newline at end of file
```

　今回の場合、ステージされた変更がないため、test.txtに追記した
行の先頭に、ワーキングディレクトリを表す「+」マークが付いてい
ます。また、「\ No newline at end of file」はファイルの終端を表す
表記であり、実際のファイルには記述されていない内容です。

差分の表示のされ方

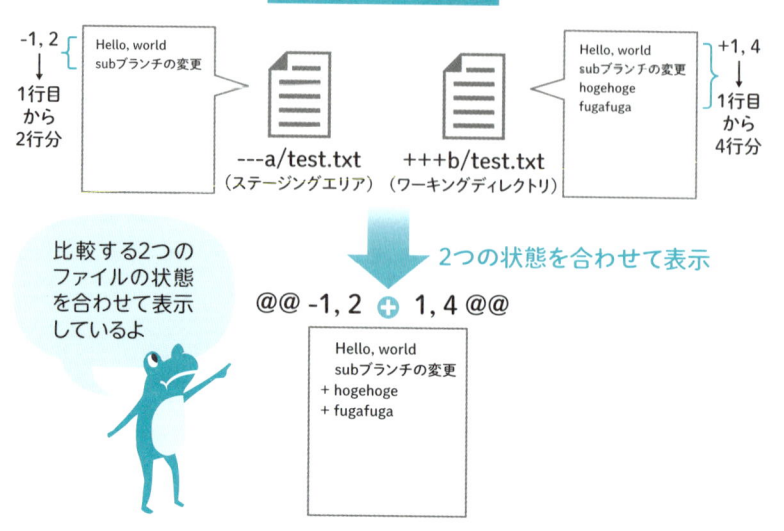

入力待ちの状態から e キーを入力すると、エディタにハンクの内容が表示され、それを編集することで変更内容の一部だけをステージすることが可能です。 e キーを入力してエディタを開いてみましょう。90ページ（「Gitにエディタを設定する」参照）でGitにVSCodeを設定を行っている場合は、VSCode上でハンクの内容が表示されます。

```
~ 省略 ~

(1/1) Stage this hunk [y,n,q,a,d,e,?]? e Enter
```
← ハンクの内容をエディタで編集する

エディタにハンクの内容が表示される

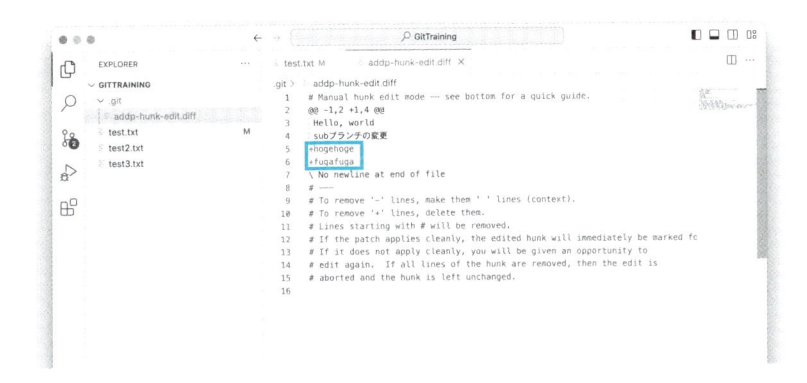

　表示されたハンクの「+」マークが付いている行のうち、ステージしない変更を削除することで、残した行のみをステージすることが可能です。「hogehoge」のみステージするように編集してみましょう。

「fugafuga」の行を削除する

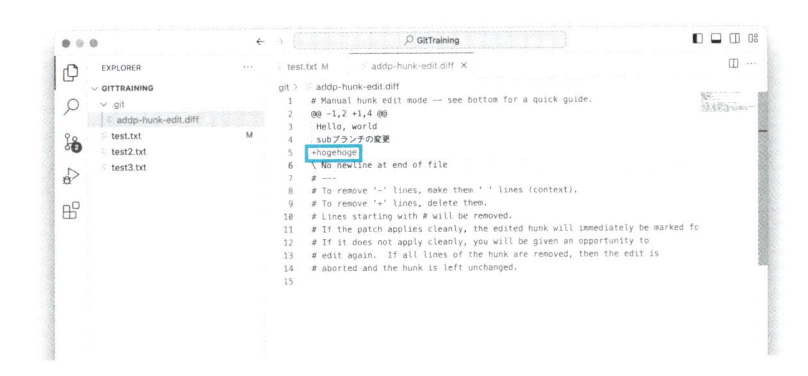

　git add -pコマンドでのそれぞれのキーに対応する操作は以下のようになります。また、コマンドの実行中に ? キーを入力することで、ヘルプを表示することが可能です。

git add -p コマンドの各キーに対応する操作

キー	操作
y	表示されたハンクをステージする
n	表示されたハンクはステージしない
q	ハンクの操作から抜ける（表示されたハンクはステージせず、以降のハンクもステージしない）
a	表示されたハンクをステージし、これ以降の同じファイル内のハンクもステージする
d	表示されたハンクをステージせず、これ以降の同じファイル内のハンクもステージしない
e	手動で表示されているハンクを編集する

　編集が終わったら内容を保存し、表示されたハンクを閉じることで、ステージが行われます。git status コマンドでリポジトリの内容を確認してみましょう。

```
> git status Enter    ← リポジトリの状態を確認する
On branch master
Changes to be committed:
  (use "git restore --staged <file>..." to unstage)
      modified:  test.txt    ← ステージした部分の変更


Changes not staged for commit:
  (use "git add <file>..." to update what will be committed)
  (use "git restore <file>..." to discard changes in working
directory)
      modified:  test.txt    ← ステージしていない部分の変更
```

　実行結果を確認すると、ステージングエリアとワーキングディレクトリのそれぞれに、test.txt が表示されているはずです。ただし、**git status** コマンドでは詳細な変更内容は表示されないため、本当に一部の変更だけをステージできたかは確認できません。そこで、**git diff** というコマンドを使用すると、ステージングエリアとワーキングディレクトリの差分情報を確認することができます。次のコマンドを実行してみましょう。

書式：git diff

```
git diff [ オプション ]
```

> **git diff** Enter　← ステージングエリアとワーキングディレクトリの
　　　　　　　　　　　　差分を表示する
diff --git a/test.txt b/test.txt
index c249ce9..9a334a0 100644
--- a/test.txt
+++ b/test.txt
@@ -1,3 +1,4 @@
 Hello, world
 subブランチの変更
-hogehoge　← ステージした部分
\ No newline at end of file
+hogehoge　← ステージした部分
+fugafuga　← ステージしていない部分
\ No newline at end of file

　実行結果を確認すると、**git add -p** コマンドを実行した時と同じように「ユニファイド diff 形式」で差分が表示されます。「hogehoge」の部分だけをステージしたため、ステージングエリアの変更を表す「-hogehoge」の行が追加されています。（両方のファイルの状態が表

示されるため、「+hogehoge」もワーキングディレクトリ側の変更として表示されます）また、**git diff** コマンドでは、**--cached** オプションをつけることでHEADとステージングエリアの比較を行うこともできます。次のコマンドを実行してみましょう。

```
> git diff --cached Enter    ← HEADとステージングエリアの
diff --git a/test.txt b/test.txt       差分を表示する
index 445c6ac..c249ce9 100644
--- a/test.txt
+++ b/test.txt
@@ -1,2 +1,3 @@
 Hello, world
 subブランチの変更
+hogehoge    ← ステージされている変更
\ No newline at end of file
```

今回の場合は「-」がHEAD、「+」がステージングエリアとなり、ステージングエリアの変更として「+hogehoge」が表示されています。ここまで来たら、一旦コミットを行い、ワーキングディレクトリの「fugafuga」の変更は破棄しておきましょう。次のコマンドを実行してください。

```
> git commit -m "test.txtへ「hogehoge」を追記" Enter
[master 657308a] test.txtへ「hogehoge」を追記    コミットメッセージを
 1 file changed, 1 insertion(+)                    付けてコミットする
> git restore test.txt Enter    ← ステージしなかった変更を破棄する
```

ステージングエリアやワーキングディレクトリに変更がなくなるため、もう一度 **git diff** コマンドを実行しても何も表示されなくなり

ます。

```
> git diff Enter  ←── ステージングエリアとワーキングディレクトリの
                        差分を表示する
> git diff --cached Enter  ←── HEAD とステージングエリアの差分を表示する
```

変更を一時退避させる

　あるブランチでの作業中に、別のブランチで少しだけ作業したく
なった場合、ワーキングディレクトリやステージングエリアに切り
替え先のブランチと競合する変更が残っていると、チェックアウト
に失敗してしまいます。このような場合に**スタッシュ**という機能を
利用することで、別ブランチでの作業後に退避させた変更を復元す
ることが可能です。

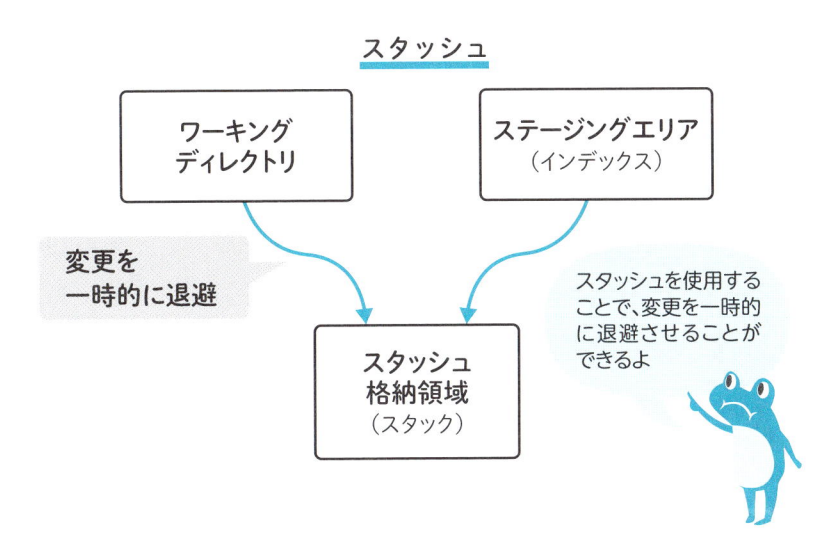

スタッシュ

　前節で作成したmasterブランチとsubブランチを利用して、ス
タッシュを試してみましょう。subブランチに存在しないtest2.txt
に対して、以下のように変更を加えます。

test2.txt に「piyo」を追記

この状態でsubブランチにチェックアウトしようとすると、subブランチに存在しないtest2.txtへの変更がワーキングディレクトリに残っているため、エラーとなります。

```
> git checkout sub Enter  ←── subブランチにチェックアウトする
error: Your local changes to the following files would be
overwritten by checkout:
    test2.txt
Please commit your changes or stash them before you switch
branches.
Aborting  ←── ブランチの切り替えに失敗した
```

　test2.txtへの変更をスタッシュすることで、subブランチにチェックアウトできるようになります。スタッシュを行うためにはgit stashコマンドまたはgit stash saveコマンドを使用します。スタッシュではコミットと同じように、スタッシュした変更内容についての説明をつけることができ、git stashコマンドを使用した場合は、デフォルトのフォーマットで説明が付与され、git stash saveコマンドの場合は、コマンドに続けて"（ダブルクォーテーション）でメッセージを指定することで、そのメッセージが付与されます。今回は

git stashコマンドを使ってスタッシュを行ってみましょう。次のコマンドを実行してください。

書式：git stash

> git stash { サブコマンド }

> **git stash** Enter ◀── 変更をスタッシュする
Saved working directory and index state WIP on master: 657308a
test.txtへ「hogehoge」を追記

---

　test2.txtのファイルの内容を確認してみると、加えた変更が消えていることが確認できます。また、もう一度subブランチにチェックアウトしてみると、今度はチェックアウトに成功するはずです。

test2.txtに対して行った変更が消えた

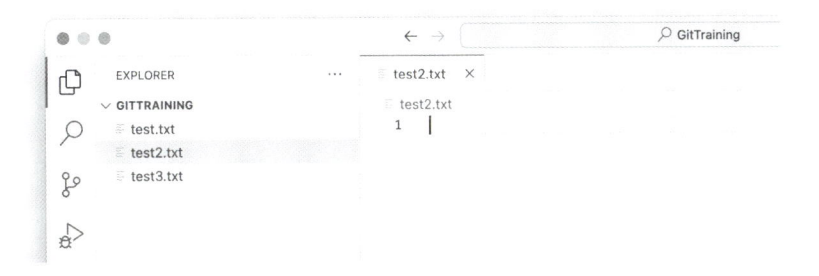

> **git checkout sub** Enter ◀── subブランチにチェックアウトする
Switched to branch 'sub'

---

　git stash listコマンドを使用することで、スタッシュした内容の一覧を確認することができます。次のコマンドを実行してみましょう。

```
> git stash list Enter  ← スタッシュの一覧を表示する
stash@{0}: WIP on master: 657308a test.txtへ「hogehoge」を追記
                        ↑スタッシュの情報が表示される
```

　実行結果を確認すると、「stash@{0}」はスタッシュのIDであり、スタッシュの内容を復元したり、削除する場合などに使用します。それ以降の内容はスタッシュの説明であり、**git stash**コマンドを使用したため、「WIP on {ブランチ名}: {コミットハッシュ} {コミットメッセージ}」というフォーマットで付与されています。スタッシュを復元したい場合は、masterブランチにチェックアウトした後に、**git stash pop**コマンドを利用することでコミットを復元できます。次のコマンドを実行してください。

```
> git checkout master Enter  ← master ブランチにチェックアウトする
Switched to branch 'master'
> git stash pop Enter  ← スタッシュを復元する
On branch master
Changes not staged for commit:
  (use "git add <file>..." to update what will be committed)
  (use "git restore <file>..." to discard changes in working
directory)
        modified:  test2.txt

no changes added to commit (use "git add" and/or "git commit
-a")
Dropped refs/stash@{0} (e4d809eb36a49dda0259686905bcd52
728f276c9)
```

　test2.txtのファイルの内容を確認してみると、変更が復元されていることが確認できます。

test2.txtの変更が復元された

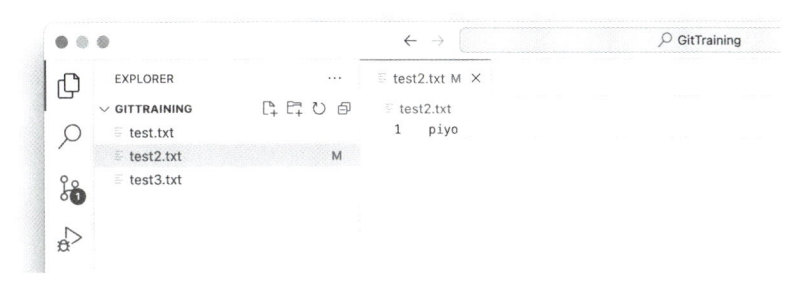

復元した内容は一旦コミットしておきましょう。

```
> git add test2.txt Enter ←── 変更をステージする    コミットメッセージを
                                                    付けてコミットする
> git commit -m "test2.txtに「piyo」を追記" Enter
[master f0673bb] test2.txtに「piyo」を追記
 1 file changed, 1 insertion(+)
```

　スタッシュの基本的な使い方については以上ですが、スタッシュを復元する際、いくつか注意しておかなければならない点があります。まず、変更を復元するファイルに対してコミットされていない変更が加えられていると、以下のようなメッセージが表示され、失敗してしまう場合があります。

```
Auto-merging test2.txt
CONFLICT (content): Merge conflict in test2.txt
On branch master
Unmerged paths:
  (use "git restore --staged <file>..." to unstage)
  (use "git add <file>..." to mark resolution)
```

　この場合は、コミットされていない変更を破棄するかコミットしてから、もう一度復元を行う必要があります。また、競合箇所がコミットされている場合、マージ時のコンフリクトと同じように、競合箇所に「<<<<<<<<」や「>>>>>>>>」が書き込まれるため、手動で修正する必要があります。

コミットされている変更と復元した変更が競合した場合

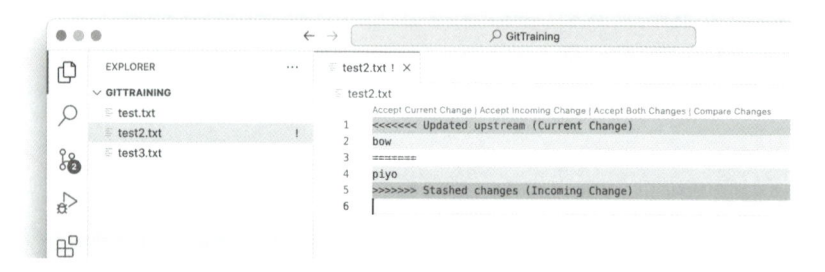

特定のファイル・ディレクトリだけを管理から外す

　システム開発のプロジェクトなどでは、ログファイルや設定ファイルなど、変更履歴に含めたくないファイルやディレクトリがプロジェクトの中に含まれている場合があります。.gitignore という隠しファイルを使用することで、そうした一部のファイルやディレクトリだけを Git の管理から除外することが可能です。.gitignore を使ったファイルの除外を行ってみましょう。まずは、プロジェクトのルートディレクトリに .gitignore ファイルを作成します。

.gitignore ファイルを作成した

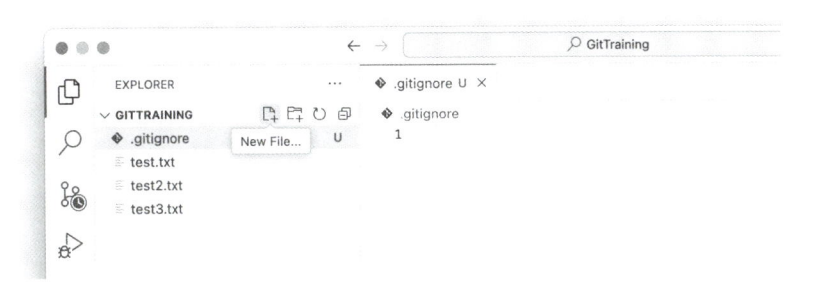

　作成した .gitignore ファイルに対して「log」というファイル名を指定することで、「log」という名前のファイルを作成しても、ワーキングディレクトリの変更として検知されないようになります。次のように .gitignore を変更し、コミットを行ってみましょう。

.gitignore ファイルに「log」を追記

```
> git add .gitignore Enter   ← .gitignore をステージする
> git commit -m ".gitignore の追加 " Enter   ← コミットメッセージを
                                              付けてコミットする
[master d81202a] .gitignore の追加
 2 files changed, 2 insertions(+)
 create mode 100644 .gitignore
```

この状態で「log」というファイルを作成しても、変更として検知されなくなります。logファイルを作成し、**git status**コマンドでリポジトリの状態を確認してみましょう。

logファイルを作成

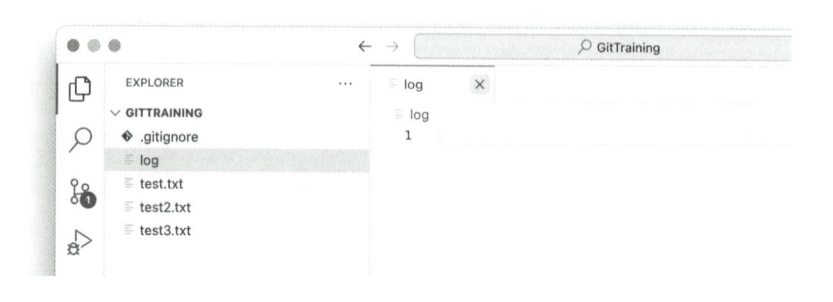

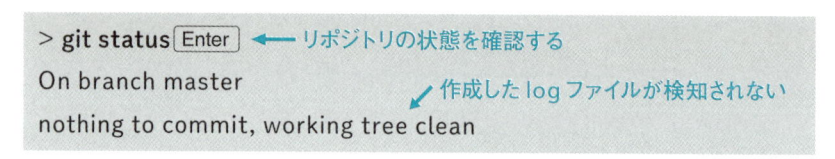

指定したものがディレクトリの場合は、その配下のファイルすべてが除外されます。まずはlogファイルの時と同じように、.gitignoreファイルに「settings」を指定してコミットしてみましょう。

.gitignoreファイルに「settings」を追記

```
> git add .gitignore Enter ← .gitignore をステージする
> git commit -m ".gitignore に「settings」を追記 " Enter
[master 031d728] .gitignore に「settings」を追記　コミットメッセージを
 1 file changed, 2 insertions(+), 1 deletion(-)　　　付けてコミットする
```

　この状態で「settings」ディレクトリを作成し、**git status** コマンド
でリポジトリの状態を確認してみましょう。settings ディレクトリの
中にファイルを追加しても、log ファイルと同様に検知されないこと
が確認できます。

settings ディレクトリを作成

「settings」ディレクトリを作成し、さらに
その中に「setting」ファイルを作成

```
> git status Enter ← リポジトリの状態を確認する
On branch master
nothing to commit, working tree clean ← settings ディレクトリの中に
　　　　　　　　　　　　　　　　　作成したファイルが検知されない
```

　ここまでで、新しく作成されるファイルを除外する方法について
は見てきましたが、すでにバージョン管理されているファイルを除
外する方法については触れてきませんでした。実は、.gitignore で
はすでにバージョン管理されているファイルを途中から除外するこ
とができないため、すでにバージョン管理されているファイルを除
外したい場合は、一度ファイルを削除してコミットを行う必要があ

ります。test2.txtを利用してバージョン管理されているファイルの除外を試してみましょう。まずは、先程までと同様に.gitignoreに「test2.txt」を追記してコミットします。

.gitignoreファイルに「test2.txt」を追記

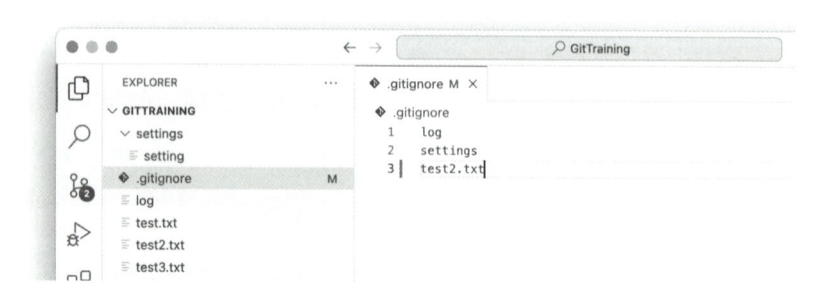

```
> git add .gitignore Enter ←── .gitignore をステージする
> git commit -m ".gitignore に「test2.txt」を追記" Enter
[master 8d5bdbf] .gitignore に「test2.txt」を追記  ← コミットメッセージを
1 file changed, 2 insertions(+), 1 deletion(-)        付けてコミットする
```

この状態では、これまでと同じようにtest2.txtの変更が検知されてしまいます。次の画面のようにtest2.txtファイルに「fuga」を追記します。

test2.txtファイルに「bow」を追記

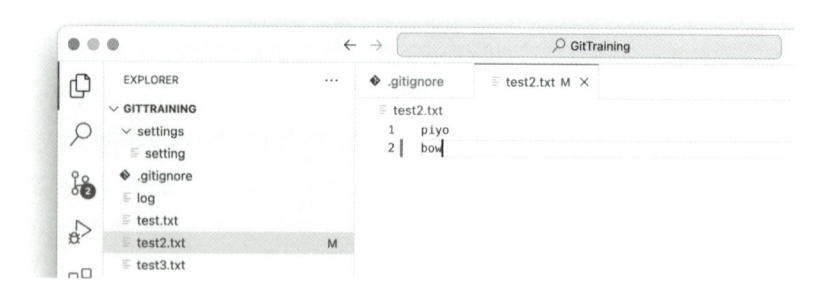

```
> git status Enter  ←── リポジトリの状態を確認する
On branch master
Changes not staged for commit:
  (use "git add <file>..." to update what will be committed)
  (use "git restore <file>..." to discard changes in working
directory)
        modified:  test2.txt  ←── test2.txt の変更が検知されている

no changes added to commit (use "git add" and/or "git commit
-a")
```

　ここからtest2.txtを除外するためには、test2.txtの削除コミットを行う必要があります。手動で削除することも可能ですが、Gitでは、ファイルの削除～ステージまでを行うことができるショートカットのコマンドとして、**git rm**コマンドが用意されており、さらに、**--cached**オプションを付けることでワーキングディレクトリにファイルを残しつつ、バージョン管理からは外すことができるため、今回はこちらを利用してみます。次のコマンドを実行してください。

書式：git rm

> git rm ［オプション］｛ファイル名｝

```
> git rm --cached test2.txt Enter  ←── バージョン管理から
rm 'test2.txt'                         test2.txt を除外する
```

　一旦**git status**でリポジトリの状態を確認してみると、削除の変更がステージされていることが確認できます。

```
> git status [Enter]  ←── リポジトリの状態を確認する
On branch master
Changes to be committed:
 (use "git restore --staged <file>..." to unstage)
    deleted:  test2.txt  ←── test2.txtの削除がステージされている
```

　この状態でコミットすることで、test2.txtがバージョン管理対象
から外れます。コミットを行ってみましょう。

```
> git commit -m "test2.txtをバージョン管理から除外" [Enter]
[master 5e657c4] test2.txtをバージョン管理から除外
 1 file changed, 1 deletion(-)          コミットメッセージを
 delete mode 100644 test2.txt           付けてコミットする
```

　以降は.gitignoreでtest2.txtが指定されているため、変更が検知さ
れなくなります。

<u>test2.txtファイルに「meow」を追記</u>

```
> git status [Enter]  ←── リポジトリの状態を確認する
On branch master
nothing to commit, working tree clean  ←── test2.txtの変更が
                                           検知されなくなる
```

＼Column／

その他のGitの機能

ここまでGitの主要なバージョン管理機能について紹介してきましたが、他にも様々な機能が実装されています。

詳細は割愛しますが、気になる方は公式ドキュメントなどを参照してみると良いでしょう。

その他のGitの機能

機能名	概要
git cherry-pick	あるブランチの特定のコミットのみを取り込む。コミットするブランチを間違えた場合などに使用する。
git rebase	ブランチのベースとなるコミットを変更する。コミット履歴を整理する場合などに使用する。
git submodule	現在のリポジトリに別のリポジトリを組み込む。別のリポジトリに対して依存関係がある場合などに使用する。
git reflog	リポジトリに対する操作の履歴を確認する。Git操作を間違えた際のリカバリなどにも使用できる。
git archive	リポジトリのアーカイブを作成する。特定コミットのzipファイルを作成する場合などに使用する。

また、Gitの機能拡張は継続的に行われており、既存コマンドへのオプションや新規のコマンドが追加されることがあります。最近のアップデートでは、v2.44で`git rebase`コマンドのパフォーマンスを改善し、代替手段を提供する`git replay`コマンドが試験的に実装されました。Gitのバージョン管理機能は常に進化を続けているため、各ホスティングサービスのブログなどで最新のアップデート内容をチェックしておくとよいでしょう。

Chapter

04

GitHubを利用して
プロジェクトを
管理してみよう

GitHubを利用する準備をしよう

 GitHubのアカウント登録する

　ここからは、GitHubを利用した**リモートリポジトリ**（リモートリポジトリについてはChapter01 32ページで解説）の操作について解説していきます。まずは、GitHubを利用するためのアカウント作成を行う必要があります。以下の手順に従ってGitHubアカウントの作成を行ってみましょう。GitHubの公式サイト（https://github.com）にアクセスし、[Sign up]をクリックします。

1.[Sign up]をクリックする

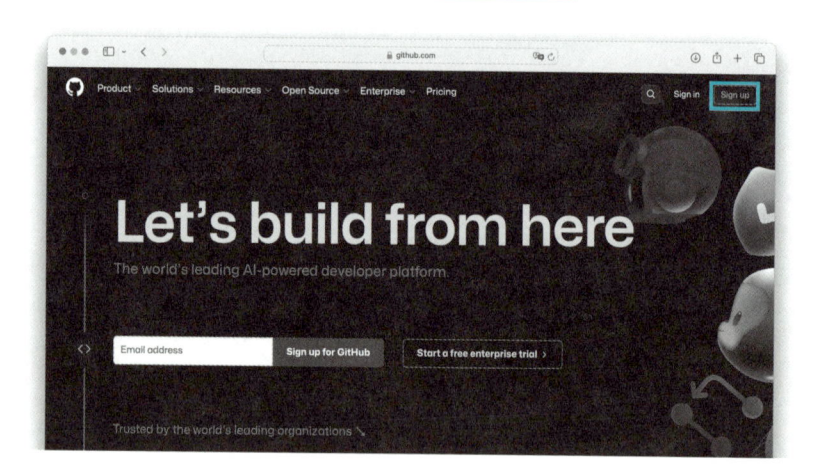

2. 必要な項目を入力する

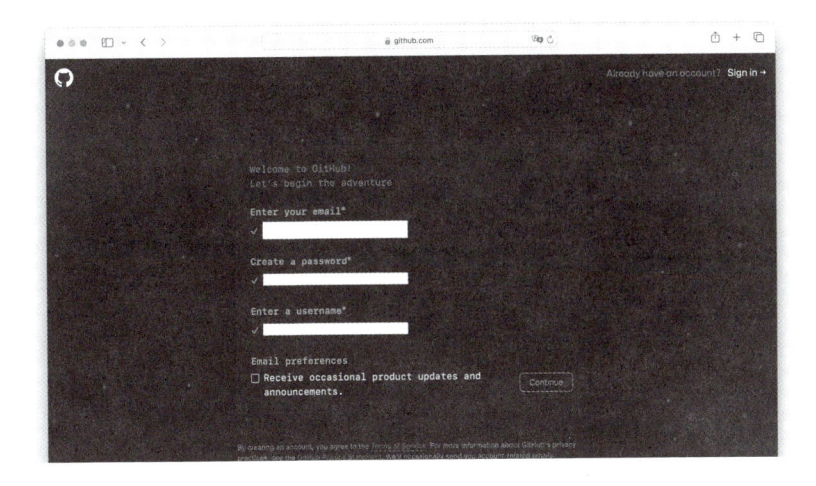

3 .CAPTCHA認証を行う

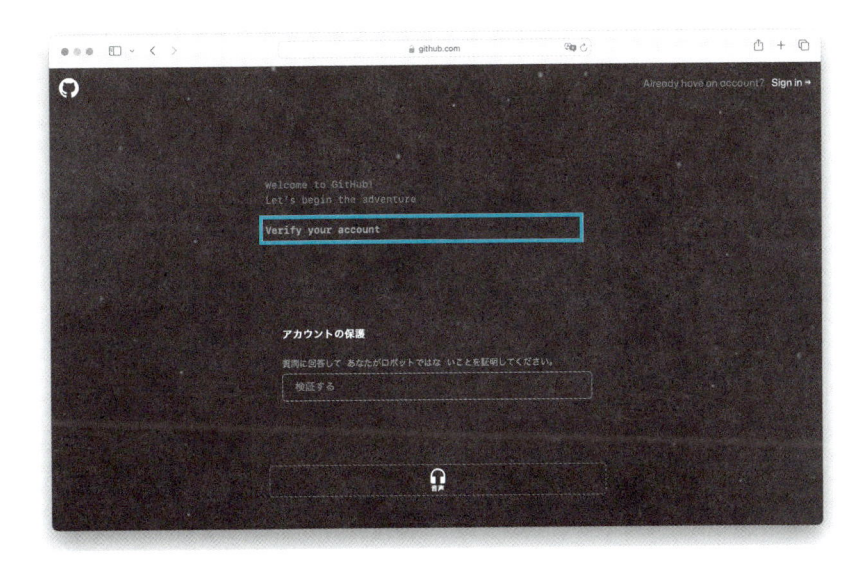

4. 登録したメールアドレスに送信されるパスコードを入力する

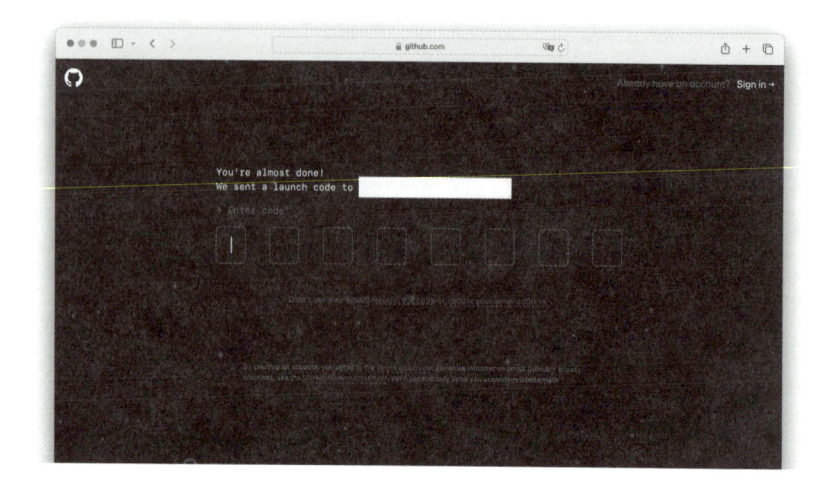

5. いくつかの質問に回答し、利用プランの選択ページに移動する

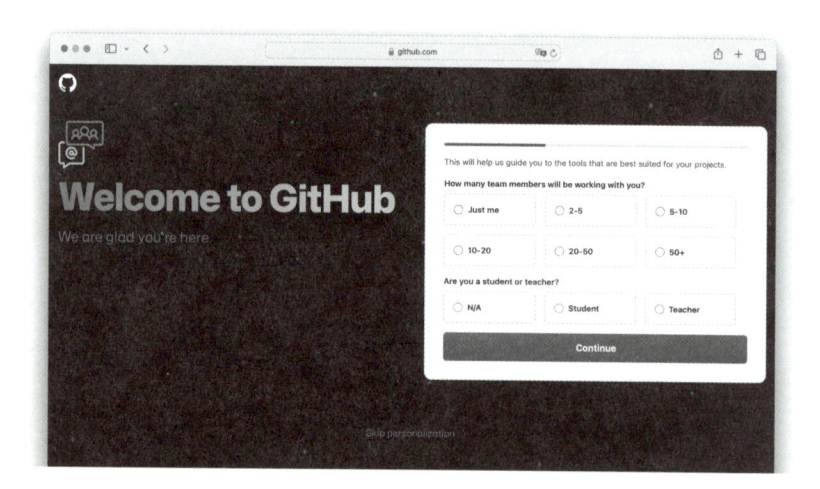

6. 利用プランの選択ページで［Continue for free］をクリックする

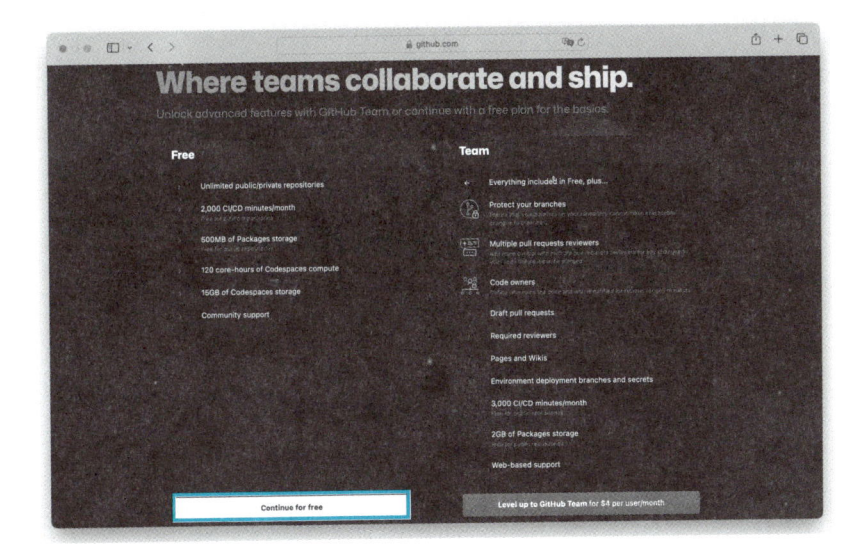

7. アカウントの作成完了

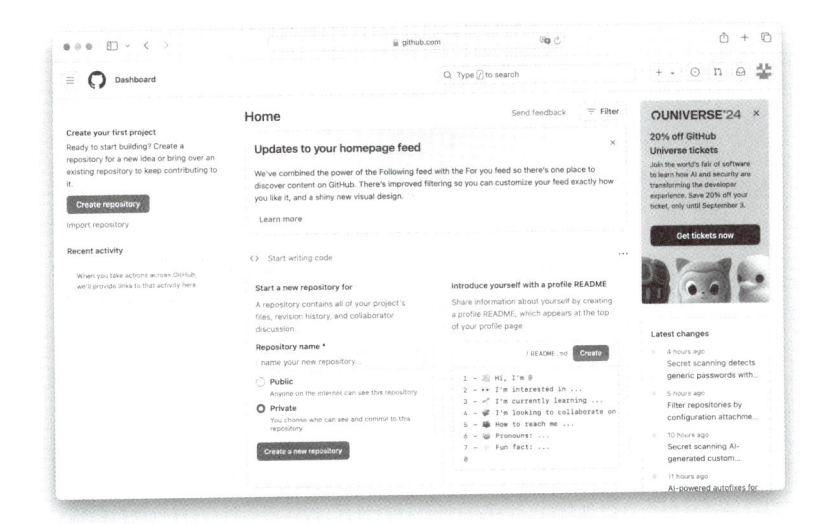

操作を行う際、認証(SSH)が必要になることがある

GitHub上に用意したリモートリポジトリでは、安易にリポジトリの操作を行わせないため、変更履歴の操作などでは認証が必要になります。認証方法にはいくつかの種類がありますが、本書ではSSHを使った認証設定を行っていきます。

SSHとは

SSHとは、暗号や認証の技術を利用して安全に通信を行うためのプロトコル（通信方法）のことであり、実際の通信をはじめる前に、暗号鍵と呼ばれる通信の暗号化に必要な情報のやり取りを行い、その中で認証処理を行います。GitHubでは、利用者側で作成した鍵ファイルを「パブリックSSHキー」として設定することで、SSHを利用した認証および通信の暗号化を行うことができます。

Macの場合は、VSCode上のコマンドラインから鍵ファイルの作成が行えますが、Windowsでは実行するコマンドが異なってしまうため、同一のコマンドを使用できるように、ここでは「Git Bash」というCLIアプリケーションを利用します。Chapter02（57ページ「WindowsにGitをインストールしよう」参照）のGitインストール時に「Git Bash」にチェックを入れていれば、インストールされているはずなので、以下のように「スタートメニュー」から「Git Bash」を検索し、起動してみましょう。

「Git Bash」を検索する

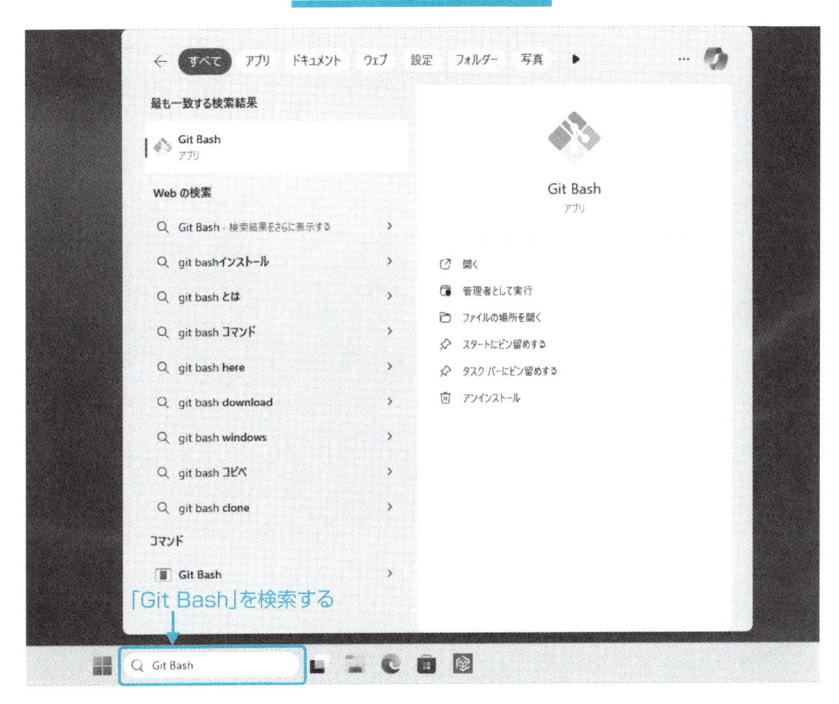

「Git Bash」を起動する

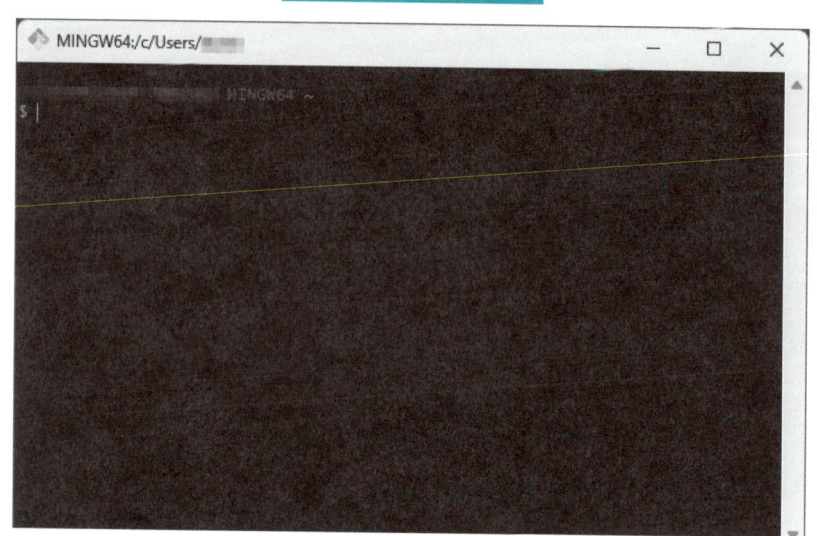

 ## SSHの公開鍵を設定する

　実際に設定を行っていきましょう。まずは、SSHで使用する鍵ファイルの作成を行う必要があります。以下のコマンドを実行して、鍵ファイルを作成してみましょう。鍵ファイルは秘密鍵と公開鍵の2種類が作成され、デフォルトだと、秘密鍵が「id_ed25519」、公開鍵が「id_ed25519.pubという名前で作成されます。作成された鍵のうち、公開鍵を「パブリックSSHキー」に登録します。逆に秘密鍵はSSH通信における機密情報となるため、外部に漏れないように気をつけて保管しましょう。また、ファイルの保存場所やパスフレーズの入力が促されますが、何も入力せずに Enter キーを押しても、鍵ファイルの作成は行われます。パスフレーズを設定する場合は、鍵ファイルの利用時に、設定したパスワードの入力が求められるようになります。

```
> mkdir -p ~/.ssh Enter      ← ホームディレクトリに .ssh ディレクトリを作成
> cd ~/.ssh Enter      ← .ssh ディレクトリに移動
> ssh-keygen Enter      ← 鍵ファイルの作成
Generating public/private ed25519 key pair.
Enter file in which to save the key (ホームディレクトリのパス /.ssh/
id_ed25519): Enter
Enter passphrase (empty for no passphrase): Enter
Enter same passphrase again: Enter
Your identification has been saved in ホームディレクトリのパス /.ssh/
id_ed25519
Your public key has been saved in ホームディレクトリのパス /.ssh/id_
ed25519.pub

~ 省略 ~
```

　フィンガープリントなどが表示されれば、鍵ファイルの作成が成功しているので、以下のコマンドで公開鍵の内容を表示しましょう。

```
> cat id_ed25519.pub      ← 公開鍵の内容を表示
ssh-ed25519 ...
```

　公開鍵の内容は「パブリックSSHキー」として登録するため、表示した「ssh-ed25519 ...」の部分をコピーしておきましょう。GitHubへの「パブリックSSHキー」の登録は、アカウントのトップページの右上のボタンから行います。

1.「Settings」をクリックして設定画面に移動する

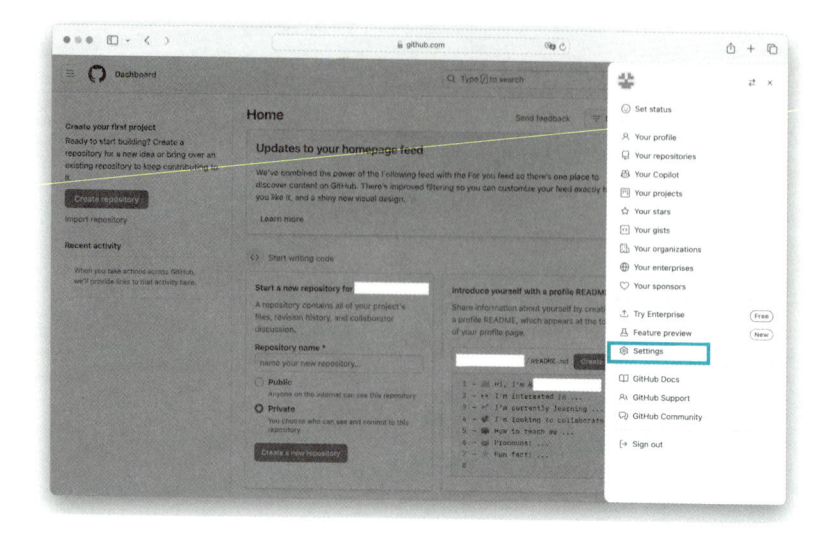

2.「SSH and GPG keys」の［New SSH key］をクリックする

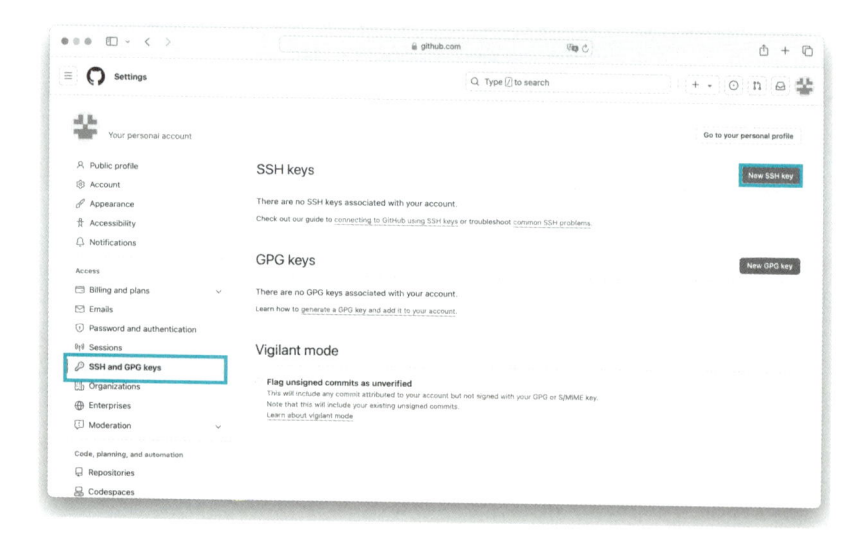

3. 必要な項目の入力を行い、［Add SSH key］ボタンをクリックする

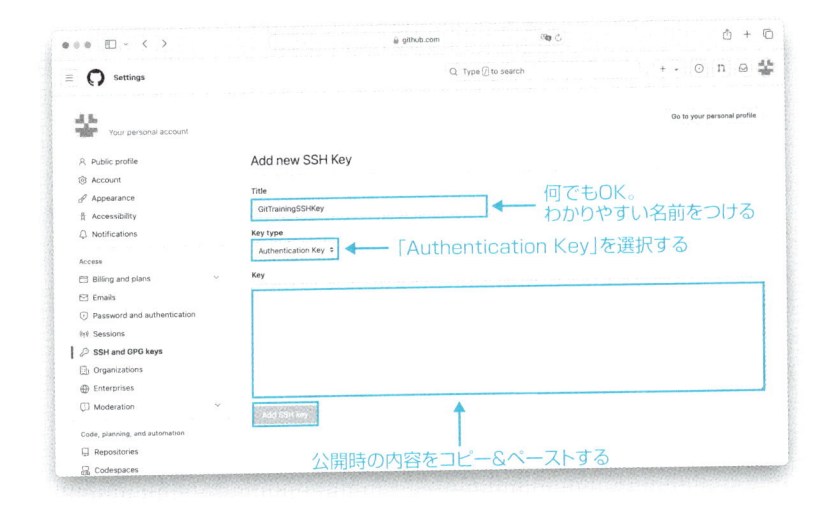

4. 登録完了

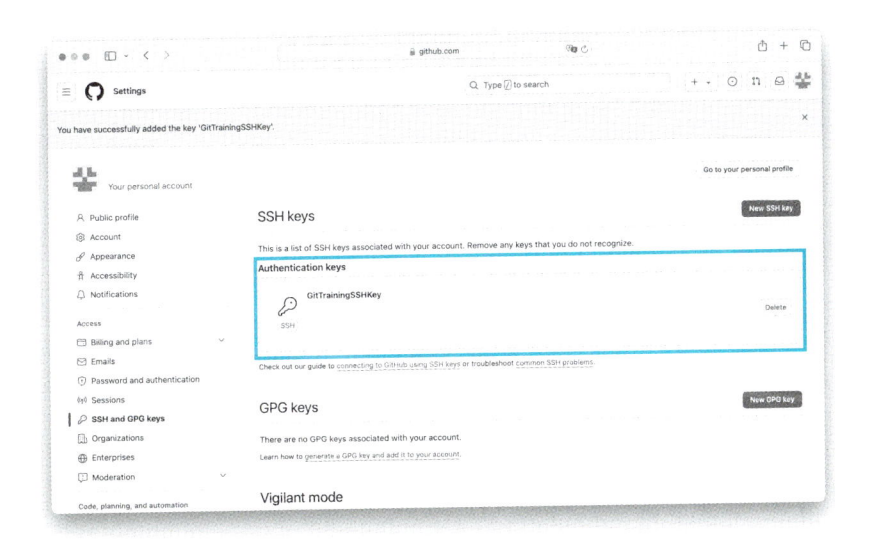

GitHubでリポジトリの管理をはじめてみよう

 GitHub 上でリモートリポジトリを作成する

アカウントの準備ができたら、リモートリポジトリの作成を行っていきます。練習用のリモートリポジトリとして「TestRepository」という名前でリポジトリを作成します。GitHub上でのリポジトリの作成はアカウントのトップページの左上のボタンから行い、手順どおりにリポジトリを作成すると、「README.md」というファイルが作成され、リポジトリのトップページに内容が表示されるようになります。また、「master」ブランチの代わりに「main」というブランチがデフォルトで作成され、そのブランチが選択されていることが確認できます。

1. [Create repository]ボタンをクリックする

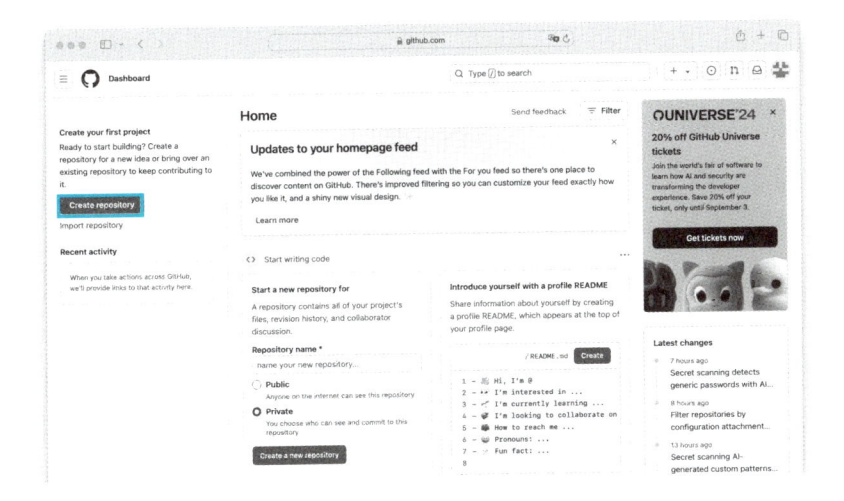

2. 各項目を入力して [Create repository]ボタンをクリックする

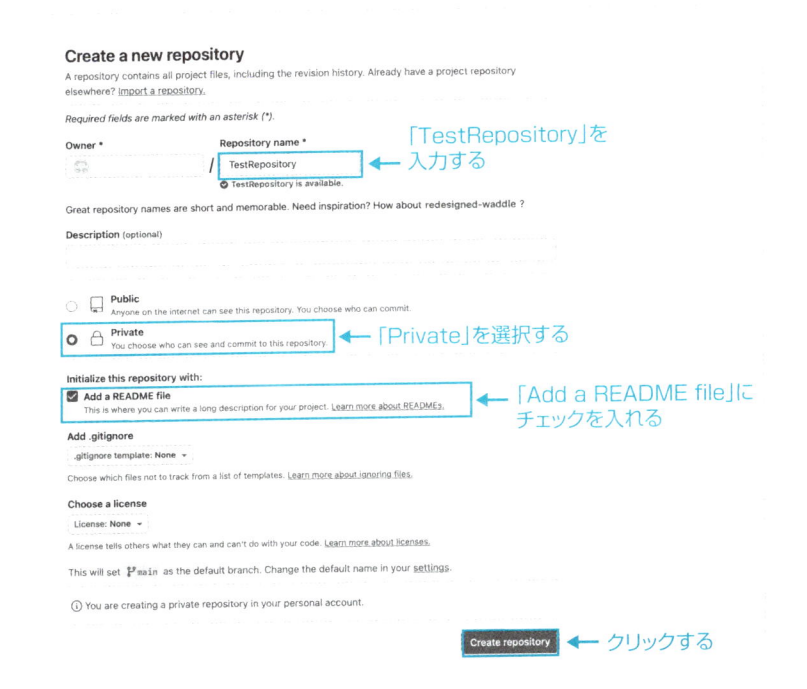

3. リポジトリの作成完了

GitHub上でリモートリポジトリにコミットを記録する

作成したリモートリポジトリに、コミットを記録してみましょう。GitHubでは画面上からファイルの編集・コミット操作を行うことができます。以下の手順で、README.mdの変更を行い、コミットを記録してみましょう。

1. README.mdの編集ボタンをクリックする

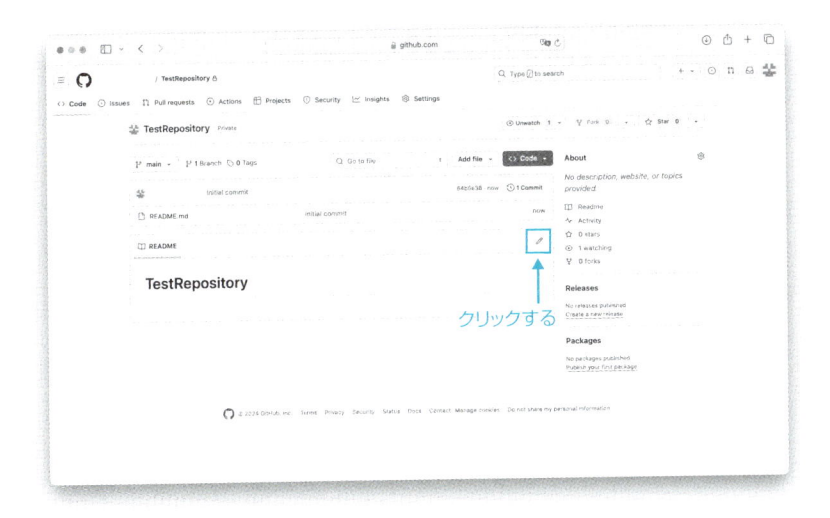

2. README.mdに「Hello, world」を追記する

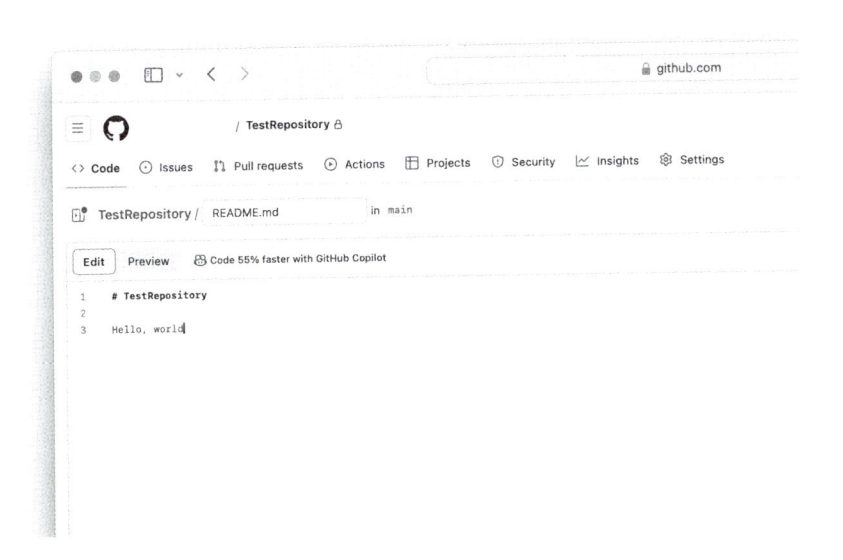

3. ［Commit changes］ボタンでコミットを行う

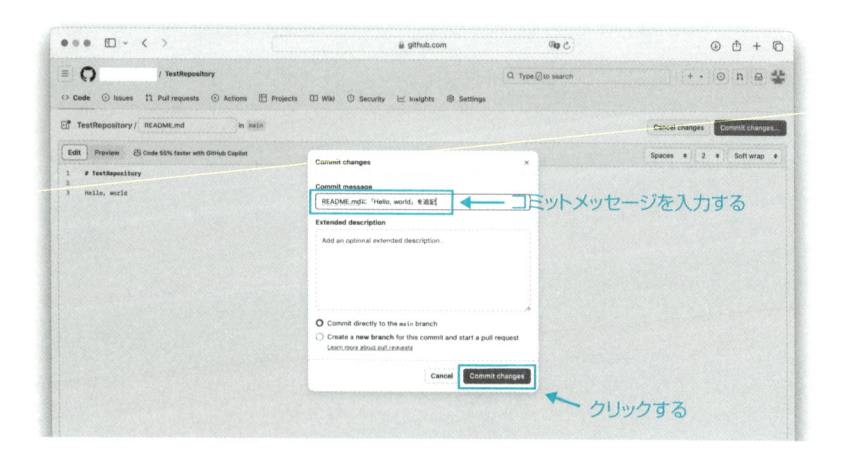

コミットメッセージを入力する

クリックする

4. コミット完了

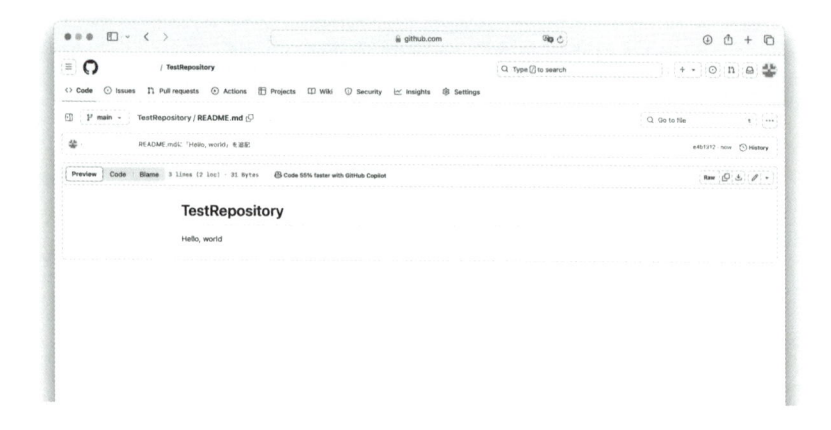

　操作が完了すると、変更したファイルのページが表示されている状態になるため、「Code」タブをクリックすることで、リポジトリのトップページに戻ることができます。

「Code」ボタンをクリックしてトップページに戻る

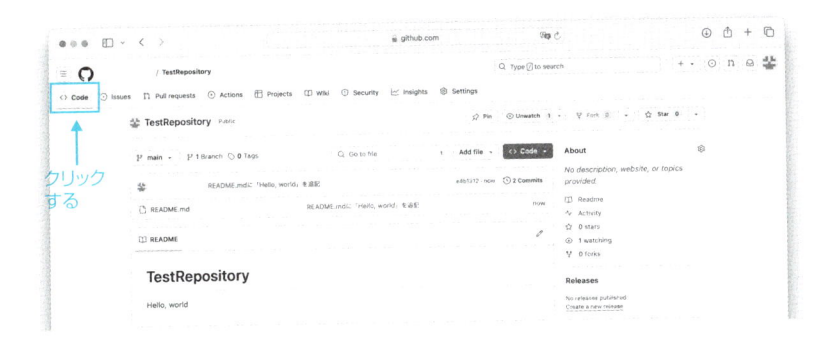

　また、リポジトリのトップページの「〜 commits」ボタンをクリックすることで、変更履歴を確認することができます。

「〜 commits」ボタンをクリックする

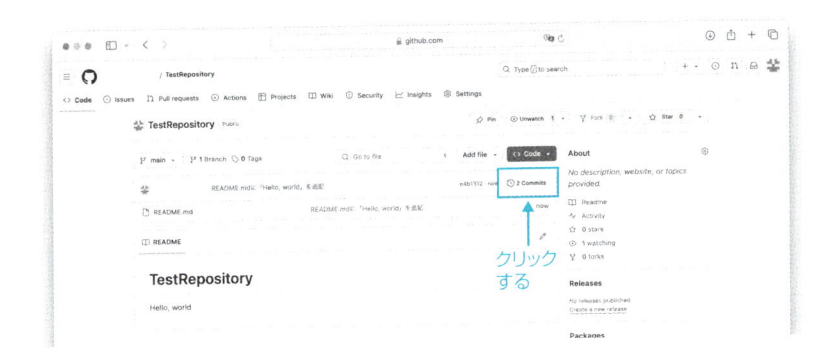

変更履歴が表示される

PC上にリモートリポジトリのコピーを作成する（クローン）

　184 ページ（「GitHub 上でリモートリポジトリにコミットを記録する」参照）では、リモートリポジトリ上でコミット操作を行いましたが、一般的なバージョン管理では、リモートリポジトリに直接コミット操作を行うことはせず、それぞれのユーザーのPC上にコピーを作成（**クローン**）し、そこでコミットを行ったものを、改めてリモートリポジトリに反映するようにします。このようにすることで、複数のユーザーで共有するリモートリポジトリを安全に管理することができます。

クローン

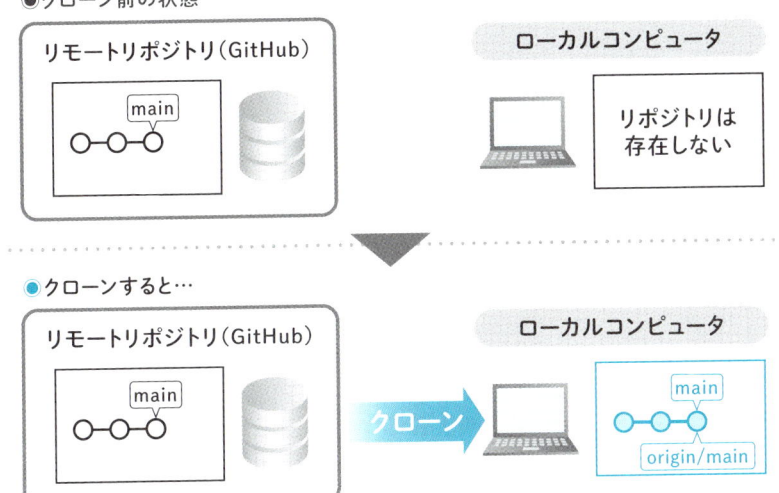

●クローン前の状態

リモートリポジトリ（GitHub）

main

ローカルコンピュータ

リポジトリは
存在しない

●クローンすると…

リモートリポジトリ（GitHub）

main

クローン

ローカルコンピュータ

main

origin/main

　PC上にリモートリポジトリをクローンするには、リモートリポジ
トリのURLが必要になります。GitHubのページからリモートリポジ
トリのURLを確認し、コピーしておきましょう。「Code」ボタンを
クリックし、「Local > SSH」から確認が可能です。

クローン用のURLを確認する

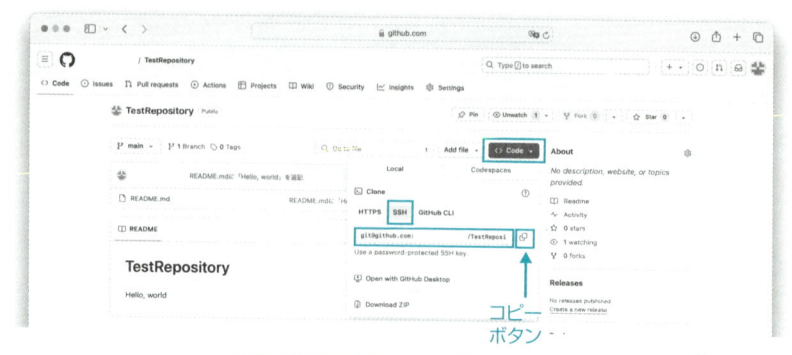

URLの右隣にあるボタンを押すとクリップボードにURLをコピーできるよ

　確認したURLを使って、「書類（Documents）」ディレクトリの中にリモートリポジトリをクローンします。クローンを行うには、**git clone**コマンドを使用します。Chapter03（84ページ「バージョン管理する場所（リポジトリ）を作成する」参照）と同じ手順で、VSCodeから「書類（Documents）」ディレクトリを開き、コマンドラインから以下のコマンドを実行してください。

書式：git clone

```
git clone { リポジトリのURL }
```

```
> git clone リポジトリのURL [Enter]    ← リモートリポジトリをクローン
Cloning into 'TestRepository'...
The authenticity of host 'github.com (20.27.177.113)' can't be
established.
ED25519 key fingerprint is SHA256:+DiY3wvvV6TuJJhbpZisF/
```

```
zLDA0zPMSvHdkr4UvCOqU.
This key is not known by any other names.
Are you sure you want to continue connecting (yes/no/
[fingerprint])?   ←── 入力待ち
```

　未確認のホストであるとして、処理を続けるかどうかの確認が行われますが、「yes」を入力して、処理を続行します。

```
Are you sure you want to continue connecting (yes/no/
[fingerprint])? yes Enter   ←──「yes」と入力して Enter キーを押す
Warning: Permanently added 'github.com' (ED25519) to the list of
known hosts.
remote: Enumerating objects: 6, done.
remote: Counting objects: 100% (6/6), done.
remote: Compressing objects: 100% (2/2), done.
remote: Total 6 (delta 0), reused 0 (delta 0), pack-reused 0
Receiving objects: 100% (6/6), done.
```

　クローンが完了すると、リモートリポジトリからコピーしたプロジェクトが、書類（Documents）の中に追加されていることが確認できます。

リモートリポジトリがクローンされた

　また、ブランチやコミットなどの情報もコピーされているため、クローンしたリポジトリをVSCodeから開き、**git branch** コマンドや **git log** コマンドを実行すると、デフォルトブランチである main ブランチや、GitHub上で行ったコミットを確認することができます。

プロジェクトの内容がコピーされている

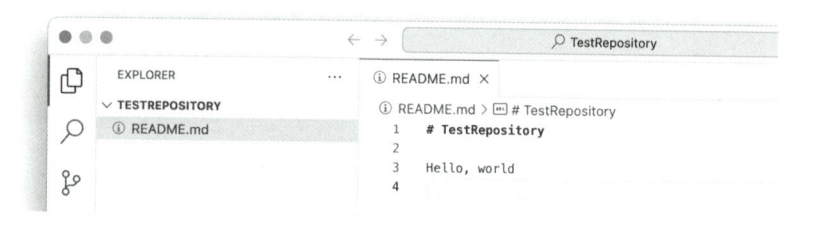

```
> git branch Enter    ← ブランチの一覧を表示
* main
> git log --graph --all Enter    ← コミットを表示
* commit f42eb87e01494e0cde8437982efa0facdfd1344d (HEAD
-> main, origin/main, origin/HEAD)    ← リモートリポジトリのコミット
| Author: ユーザー名<メールアドレス>
```

```
┆ Date:   日時
┆
┆   README.mdに「Hello, world」を追記
┆
* commit 970dcc18926b151fef8ac25d6ed4072b803f5dbd
  Author: ユーザー名<メールアドレス>
  Date:   日時

    Initial commit
```

　ここで、README.mdに「Hello, world」を追記したコミットハッシュの隣に「origin/main」、「origin/HEAD」といった記述がありますが、これらは**リモート追跡ブランチ**と呼ばれる特殊なブランチであり、リモートリポジトリの状態をPC上のリポジトリで保持しておくために利用されます。これらのブランチはPC上のコミット操作などでは移動せず、リモートリポジトリと同期を行った場合にのみ、更新されます。

リモートリポジトリとPC上の リポジトリを同期させよう

 リモートリポジトリにPC上の変更を反映させる（プッシュ）

　ここからは、Gitのコマンドを使って、PC上のリポジトリとリモートリポジトリを同期させる方法を解説していきます。最初に、リモー

プッシュ

●プッシュ前の状態

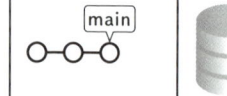  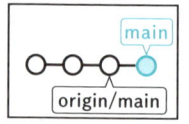

リモートリポジトリ（GitHub）　　　　ローカルコンピュータ

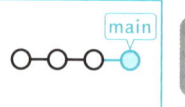    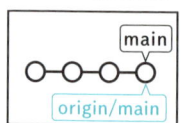

●プッシュすると…

リモートリポジトリ（GitHub）　　　　ローカルコンピュータ

プッシュ

PC上のコミットやブランチを
リモートリポジトリに反映するよ

トリポジトリにPC上のコミットやブランチを反映する操作（**プッシュ**）を行ってみましょう。

　まずは、以下のようにREADME.mdに変更を加え、コミットを行います。

README.mdに「こんにちは、世界」を追記

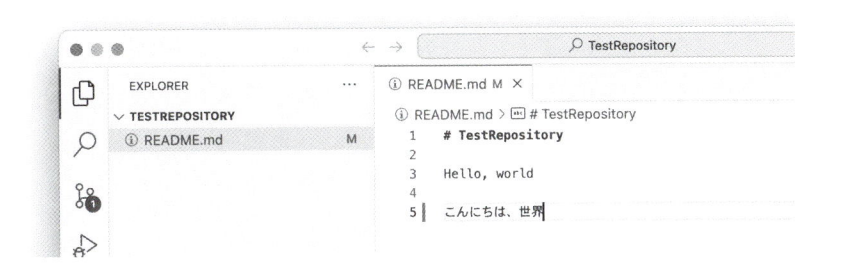

このコミットをリモートリポジトリにプッシュしますが、プッシュを行う際に、PC上に登録されているリモートリポジトリを指定する必要があるため、まずは、登録されているリモートリポジトリの一覧を確認しておきましょう。登録されているリモートリポジトリの一覧は**git remote**コマンドを使用し、**-v**オプションを付けて実行することで、登録されたURLも表示できます。以下のコマンドを実行して、リモートリポジトリを確認してみましょう。

```
git remote [オプション]
```

```
> git remote -v Enter    ←── リモートリポジトリの一覧を表示
origin  git@github.com:ユーザー名/TestRepository.git (fetch)
origin  git@github.com:ユーザー名/TestRepository.git (push)
```

　実行結果を確認すると、2行表示されていますが、どちらもクローンした時に指定したURLが表示されており、先頭に「origin」という記述があります。これは、「origin」という名前でリモートリポジトリのURLが登録されているという意味であり、リモートリポジトリを指定する際には、この「origin」という名前を使って指定を行うことができます。

　リポジトリの確認ができたので、リモートリポジトリにプッシュを行ってみましょう。プッシュを行うには、**git push**コマンドを使用し、先程確認したリモートリポジトリの名前とブランチ名を指定します。また、**-u**オプションを指定することで、指定したブランチと同じ名前を持つリモートリポジトリのブランチを**上流ブランチ**として登録することができ、以降指定したブランチにチェックアウトした状態でリモートと同期を行う際にはリモートリポジトリ名とブランチ名を省略することができるようになります。以下のようにoriginとmainブランチを指定して**git push**コマンドを実行してみましょう。

```
git push [オプション] {リモートリポジトリ名} {ブランチ名}
```

```
> git push -u origin main Enter    ←── リモートリポジトリにプッシュ
Enumerating objects: 5, done.
Counting objects: 100% (5/5), done.
```

```
Delta compression using up to 8 threads
Compressing objects: 100% (2/2), done.
Writing objects: 100% (3/3), 367 bytes ¦ 367.00 KiB/s, done.
Total 3 (delta 0), reused 0 (delta 0), pack-reused 0 (from 0)
To github.com: ユーザー名/TestRepository.git
  f42eb87..f396f1c  main -> main
branch 'main' set up to track 'origin/main'.
```

実際に変更が反映されているか、GitHubからも確認してみましょう。

プッシュした変更が反映されている

　また、PC上のリポジトリで作成したブランチをプッシュすること
もできます。git branchコマンドでsubブランチを作成しましょう。

```
> git branch sub Enter   ◀━━ subブランチを作成
> git branch Enter   ◀━━ ブランチの一覧を表示
* main
  sub
```

続いてsubブランチをリモートリポジトリにプッシュします。以下のコマンドを実行してみましょう。

```
> git push -u origin sub Enter        ← subブランチをリモート
                                        リポジトリにプッシュ
Total 0 (delta 0), reused 0 (delta 0), pack-reused 0 (from 0)
remote:
remote: Create a pull request for 'sub' on GitHub by visiting:
remote:      https://github.com/ユーザー名/TestRepository/pull/
new/sub
remote:
To github.com:ユーザー名/TestRepository.git
 * [new branch]      sub -> sub
branch 'sub' set up to track 'origin/sub'.
```

こちらもGitHubから確認してみましょう。プッシュが成功していれば、リポジトリのトップページのブランチの切り替えリストにsubブランチが追加されているはずです。

プッシュしたsubブランチが反映されている

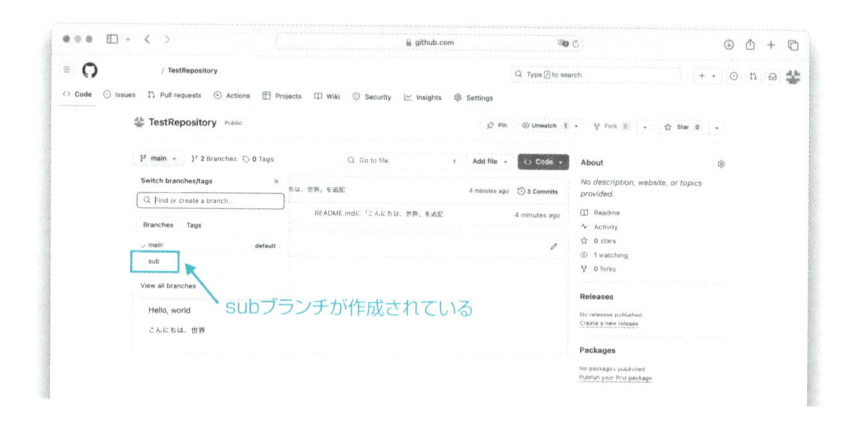

PC上にリモートリポジトリの変更を取得する（フェッチ）

　続いて、リモートリポジトリの変更をPC上に取得する操作について見ていきますが、主な取得方法が2種類存在するため、順番に見ていきます。まずは、**フェッチ**と呼ばれる操作です。この操作は、リモートリポジトリに存在するコミットやブランチなどの変更を取得する操作であり、他のユーザーがリモートリポジトリにプッシュした変更も取得することができます。ただし、取得した変更の反映は行われないため、フェッチでリモートリポジトリのmainブランチの変更を取得したとしても、PC上のmainブランチの状態は変化しません。代わりに、Chapter04 188ページ（「PC上にリモートリポジトリのコピーを作成する（クローン）」参照）で確認したリモート追跡ブランチの状態が更新されます。

フェッチ

●フェッチ前の状態

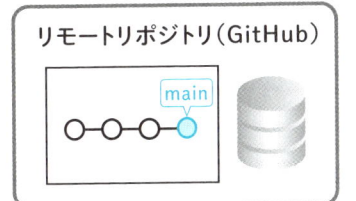

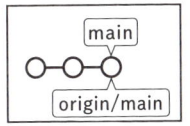

●フェッチすると…

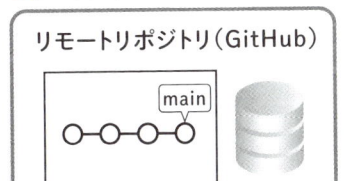

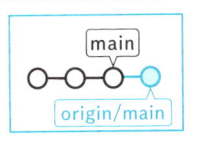

リモートリポジトリの変更
の取得のみ行うよ

実際に動作を確認してみましょう。まずは、以下のように、GitHub上でREADME.mdに変更を行い、コミットします。

README.mdに「Goodbye」を追記

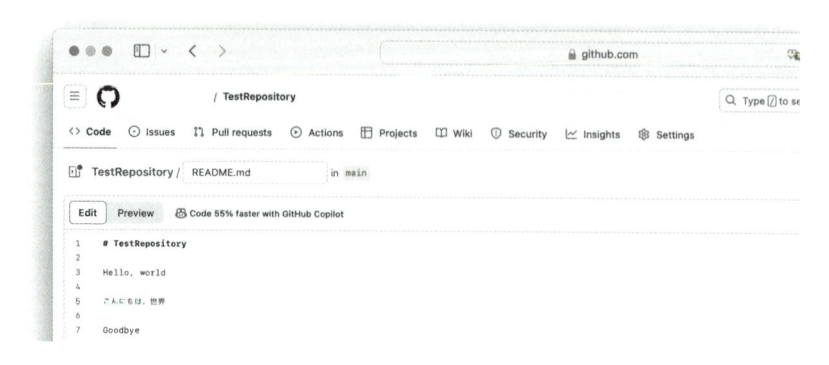

［Commit changes］ボタンでコミットを行う

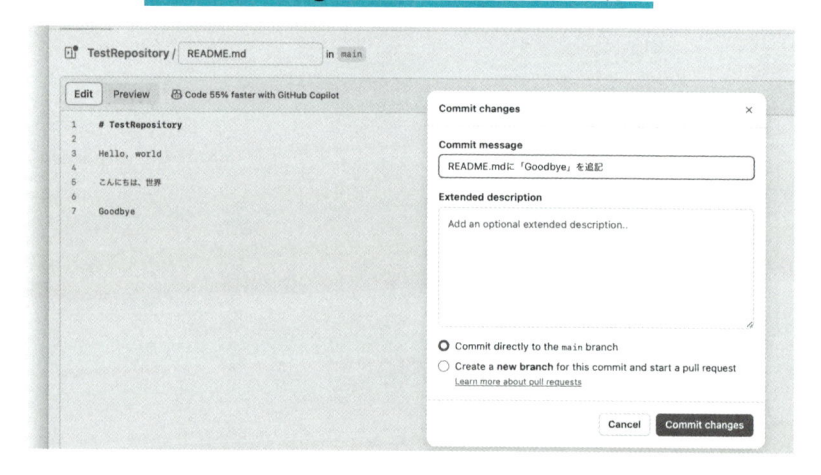

　続いて、GitHub上で行った変更をフェッチしてみましょう。フェッチを行うためには、**git fetch**コマンドを使用します。リモートリポジトリ名やブランチ名を指定して、一部の変更だけを取得することも可能ですが、何も指定しないことで、全ての変更を取得できます。以下のコマンドを実行してみましょう。

書式：git fetch

```
git fetch
```

> **git fetch** Enter　←── リモートリポジトリの変更を取得
remote: Enumerating objects: 5, done.
remote: Counting objects: 100% (5/5), done.
remote: Compressing objects: 100% (2/2), done.
remote: Total 3 (delta 1), reused 0 (delta 0), pack-reused 0
Unpacking objects: 100% (3/3), 696 bytes ¦ 174.00 KiB/s, done.
From github.com:ユーザー名/TestRepository
　f396f1c..2567c94　main　　　-> origin/main

　ここで、README.mdの状態を確認してみると、GitHub上で行った変更が反映されていないことが確認できます。

GitHubでコミットした内容が反映されていない

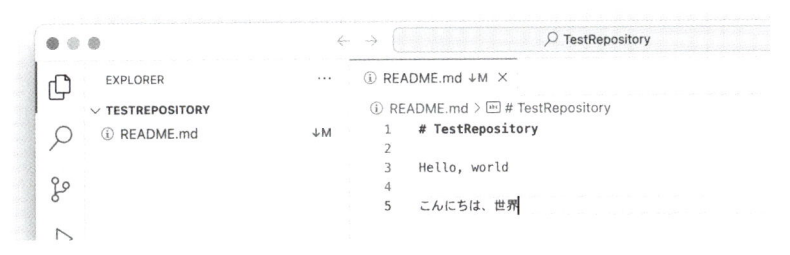

　ただし、リモート追跡ブランチは更新されているはずなので、**git log**コマンドで確認してみましょう。

> **git log --graph --all** Enter　←── コミットを表示
* commit 2567c94b691aff0766586bdbc0206f74cf0d2d92
(origin/main, origin/HEAD)
¦ Author: ユーザー名＜メールアドレス＞
¦ Date:　日時

```
|
|    README.mdに「Goodbye」を追記
|
* commit f396f1c36a04b7c18dd31a8f730ac65d8fa00033 (HEAD
-> main, origin/sub, sub)
| Author: ユーザー名＜メールアドレス＞
| Date:   日時
|
|    README.mdに「こんにちは、世界」を追記
|

~ 省略 ~
```

　実行結果を確認すると、「origin/main」や「origin/HEAD」のみが
GitHub上で行ったコミットに移動し、「HEAD -> main」は移動して
いないことが確認できます。

　リモート追跡ブランチにチェックアウトすることは可能なので、
origin/mainブランチにチェックアウトし、README.mdに行った変
更内容が取得できているか確認してみましょう。通常のチェックア
ウトとは違ったメッセージが表示されますが、無視して構いません。

```
> git checkout origin/main Enter    ←── origin/main ブランチに
Note: switching to 'origin/main'.          チェックアウト


You are in 'detached HEAD' state. You can look around, make
experimental
changes and commit them, and you can discard any commits you
make in this
state without impacting any branches by switching back to a
```

```
branch.

If you want to create a new branch to retain commits you create,
you may
do so (now or later) by using -c with the switch command.
Example:

  git switch -c <new-branch-name>

Or undo this operation with:

  git switch -

Turn off this advice by setting config variable advice.
detachedHead to false

HEAD is now at 2567c94 README.mdに「Goodbye」を追記
```

GitHubでコミットした内容が取得できている

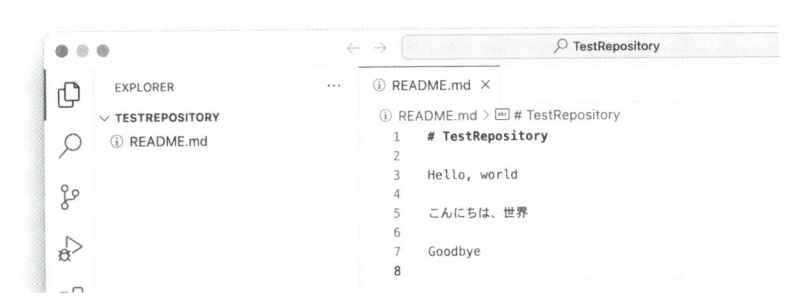

　この変更をPC上のmainブランチにも反映させたい場合は、main
ブランチにorigin/mainブランチをマージし、変更内容を取り込む必
要があります。mainブランチにチェックアウトしてorigin/mainブラ

ンチをマージし、リモートリポジトリの変更を反映してみましょう。
以下のコマンドを実行してください。

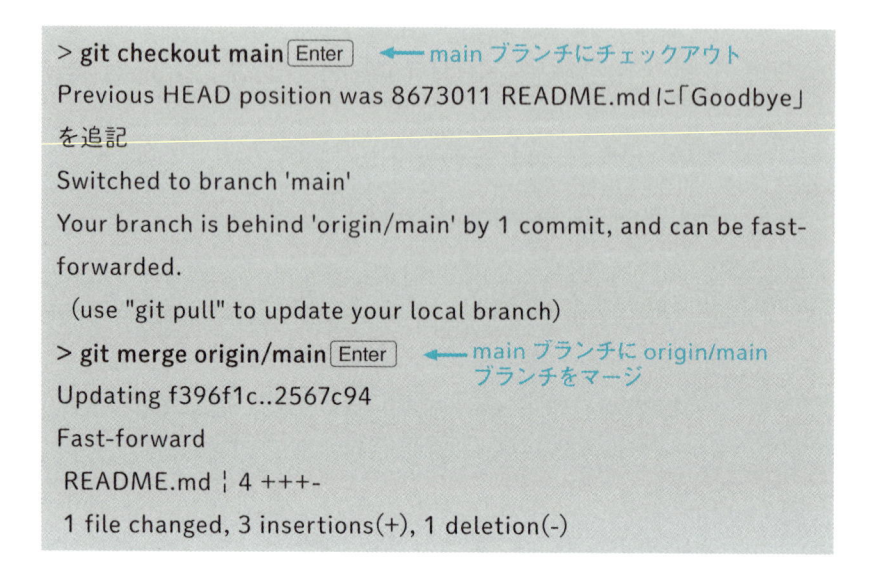

```
> git checkout main Enter    ← main ブランチにチェックアウト
Previous HEAD position was 8673011 README.mdに「Goodbye」
を追記
Switched to branch 'main'
Your branch is behind 'origin/main' by 1 commit, and can be fast-
forwarded.
  (use "git pull" to update your local branch)
> git merge origin/main Enter    ← main ブランチに origin/main
                                    ブランチをマージ
Updating f396f1c..2567c94
Fast-forward
 README.md ¦ 4 +++-
 1 file changed, 3 insertions(+), 1 deletion(-)
```

　README.mdの内容も確認すると、変更が反映できていることが
確認できます。

リモートリポジトリの変更がmainブランチに反映された

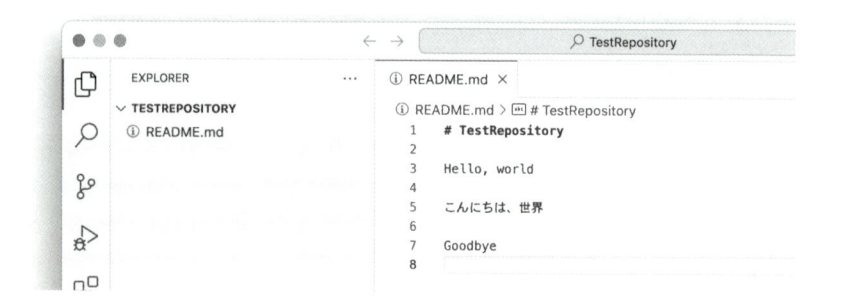

　また、リモートリポジトリで作成されたブランチもフェッチで取り込むことが可能です。以下のように、GitHub上でsub2ブランチを作成してみましょう。

1. トップページの［View all branches］をクリックする

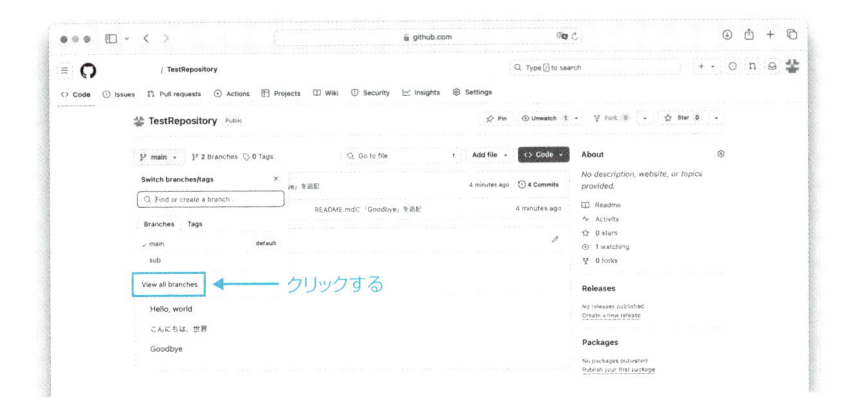

2. ブランチの一覧ページの［New branch］ボタンをクリックする

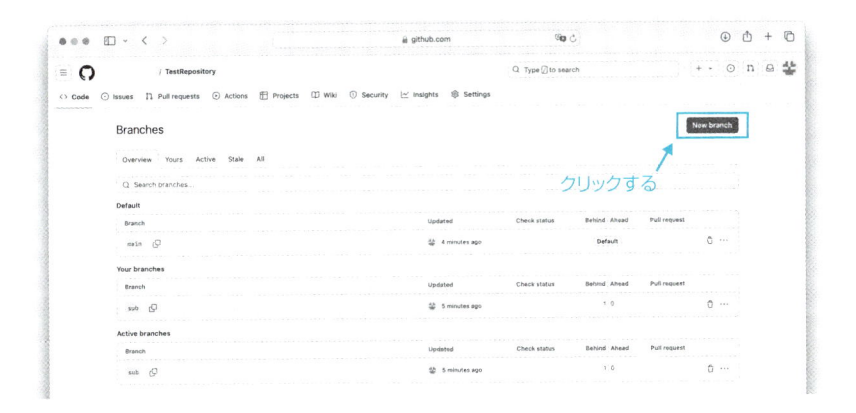

3. ブランチ名を入力して［Create new branch］ボタンをクリックする

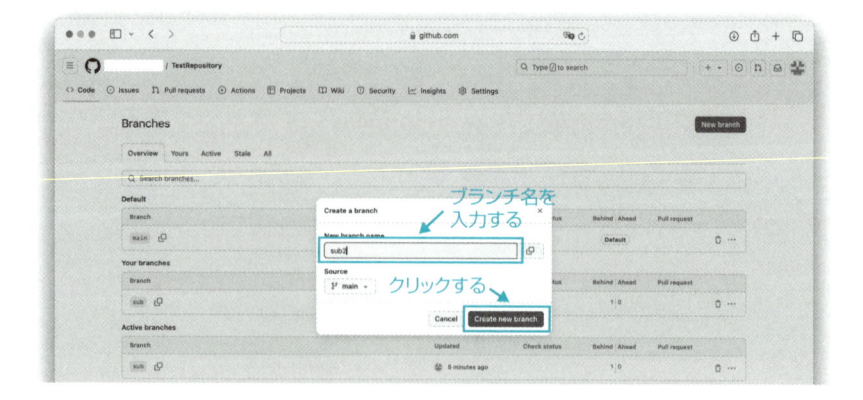

4. ブランチの作成完了

5. トップページに戻り、ブランチを確認する

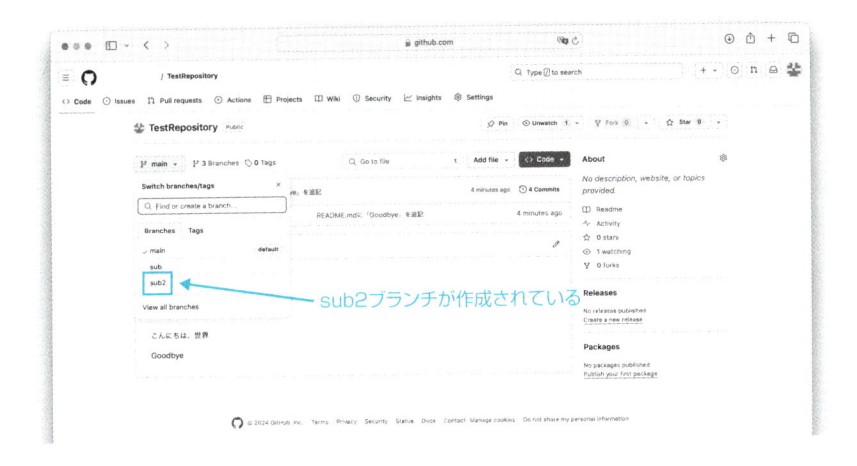

　sub2ブランチの作成ができたら、フェッチでPC上のリポジトリに取り込みます。以下のコマンドを実行してください。

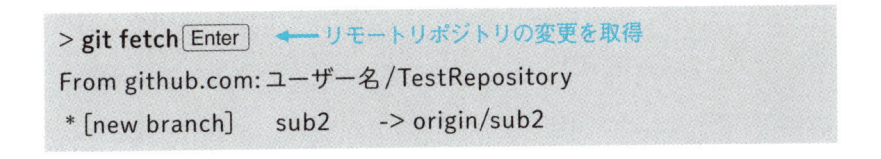

　フェッチが成功すると、実行結果のようなメッセージが表示され、リモートリポジトリのsub2ブランチをもとに、sub2ブランチのリモート追跡ブランチがPC上に作成されます。ただし、ここで作成されるのはリモート追跡ブランチのみであるため、PC上のリポジトリにはsub2ブランチ自体は作成されず、このままではsub2ブランチでの作業ができません。**git branch**コマンドでブランチの状態を確認してみましょう。

```
> git branch Enter    ←── ブランチ一覧を表示
* main
  sub
```

　実行結果を確認すると、sub2ブランチが作成されていないことが確認できます。フェッチで取得したブランチをPC上にも作成するためには、**git chekcout**コマンドに**-b**オプションをつけて実行し、リモート追跡ブランチを基とした新たなブランチを作成する必要があります。以下のコマンドを実行してください。

```
> git checkout -b sub2 origin/sub2 Enter  ←── origin/sub2ブランチを
branch 'sub2' set up to track 'origin/sub2'.      基にsub2ブランチを作成
Switched to a new branch 'sub2'
```

　再度**git branch**コマンドでブランチの状態を確認すると、sub2ブランチが作成され、ブランチが切り替わっていることが確認できます。

```
> git branch Enter    ←── ブランチ一覧を表示
  main
  sub
* sub2   ←── sub2ブランチが作成された
```

PC上にリモートリポジトリの変更を反映させる（プル）

　リモートリポジトリのコミットやブランチをPC上に取得するもう一つの操作として、**プル**と呼ばれる操作があります。これは、リモートリポジトリの変更を取得すると共に、反映も行う操作であり、Chapter04 199ページ（「PC上にリモートリポジトリの変更を取得する（フェッチ）」参照）で行った、フェッチからマージまでの一連の操作を自動で行います。

プル

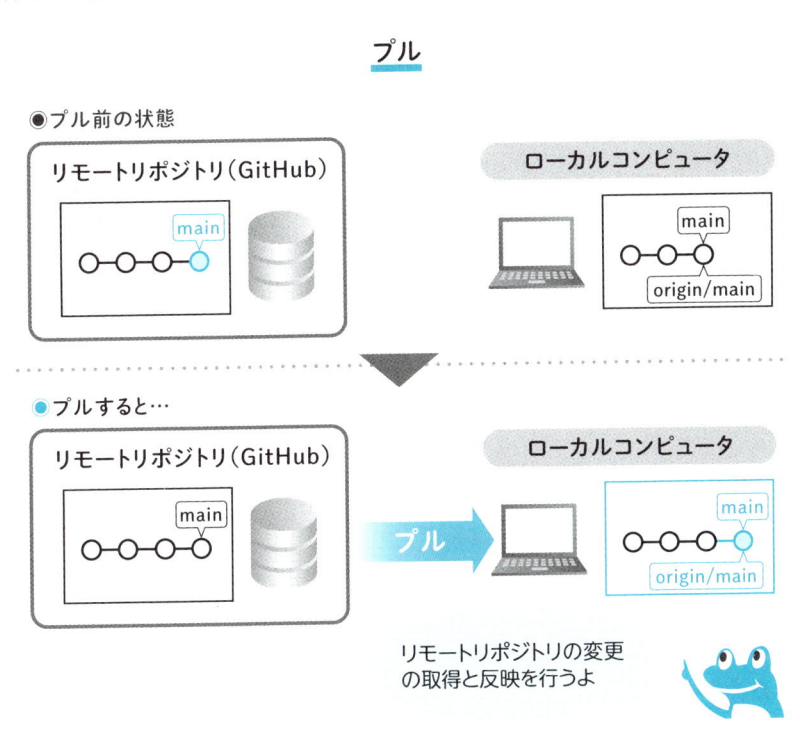

　こちらも、実際の動作を確認してみましょう。フェッチの時と同じように、GitHub上でREADME.mdに対して変更を行い、コミットします。

README.mdに「さようなら」を追記

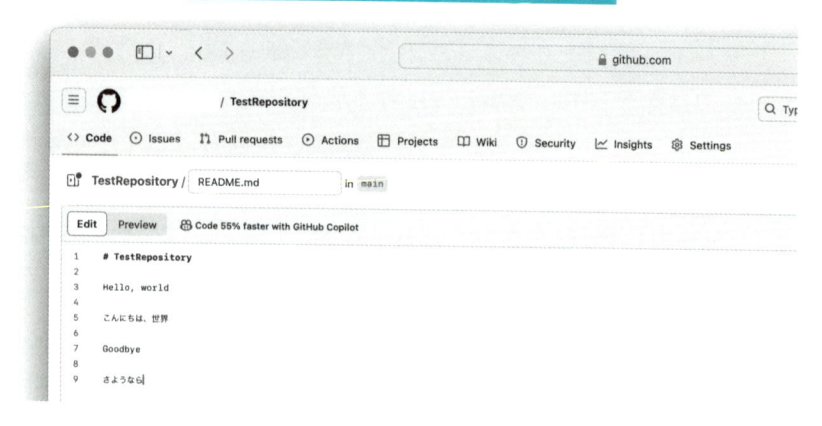

[Commit changes]ボタンでコミットを行う

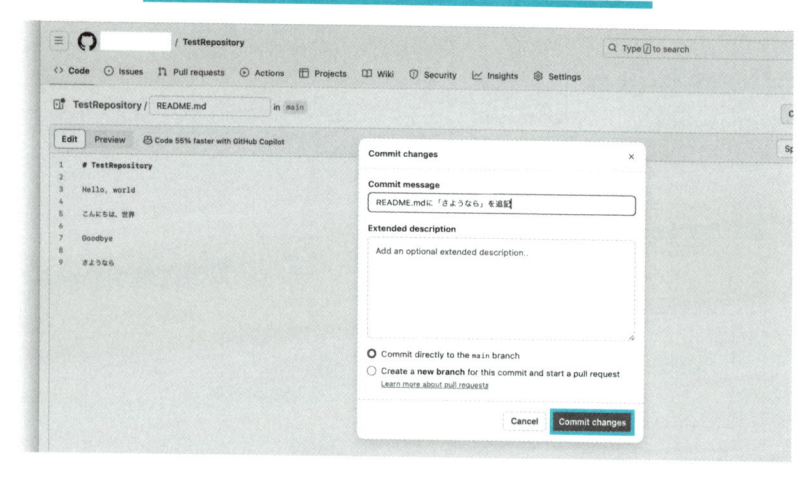

　リモートリポジトリの変更をPC上に反映するため、プルを行ってみましょう。通常は、リモートリポジトリ名とブランチ名を指定して実行する必要がありますが、プッシュの操作でmainブランチの上流ブランチを設定しているため、省略することができます。mainブランチにチェックアウトして、プルを行ってみましょう。次のコマンドを実行してください。

書式：git pull

```
git pull
```

> **git checkout main** Enter ← main ブランチにチェックアウト
Switched to branch 'main'
Your branch is up to date with 'origin/main'.
> **git pull** Enter ← リモートリポジトリの変更を取得して反映
remote: Enumerating objects: 5, done.
remote: Counting objects: 100% (5/5), done.
remote: Compressing objects: 100% (2/2), done.
remote: Total 3 (delta 1), reused 0 (delta 0), pack-reused 0
Unpacking objects: 100% (3/3), 723 bytes ¦ 180.00 KiB/s, done.
From github.com:ユーザー名/TestRepository
   2567c94..5e996fd main   -> origin/main
Updating 2567c94..5e996fd
Fast-forward
 README.md ¦ 2 ++
 1 file changed, 2 insertions(+)

README.mdの内容も確認すると、変更が反映できていることが確認できます。

リモートリポジトリの変更がmainブランチに反映された

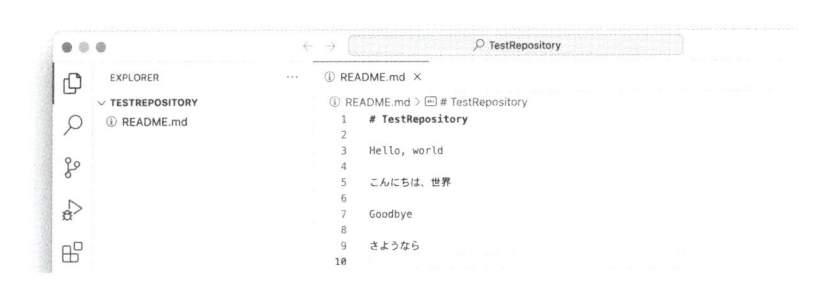

リモートリポジトリとの同期がうまく行かないときは

 プッシュに失敗してしまったときは

　プッシュを行う際、変更を反映しようとしたファイルに対して、すでに別の変更が反映されていると、コンフリクトが発生して失敗することがあります。このような場合、一度リモートリポジトリの反

プッシュの失敗

リモートリポジトリ（GitHub）　　　　　　　ローカルリポジトリ

> リモート側でREADME.mdに変更を行ったコミットが存在するがローカルリポジトリには反映されていない

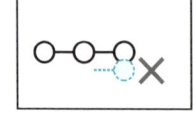  **プッシュ失敗**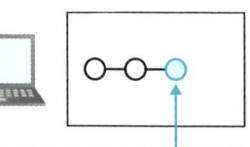

> リモートリポジトリとのコンフリクトが発生して、プッシュが失敗する場合があるよ

> ローカル側でREADME.mdに変更を行ったコミットをプッシュするとコンフリクトが発生する

映を取り込み、PC上でコンフリクトを解消した上で、改めてプッシュを行う必要があります。

　実際にコンフリクトを発生させ、解消する手順を見ていきましょう。まずは、GitHub上でREADME.mdに対して以下のような変更を行い、コミットします。

README.mdに「リモートリポジトリの変更」を追記

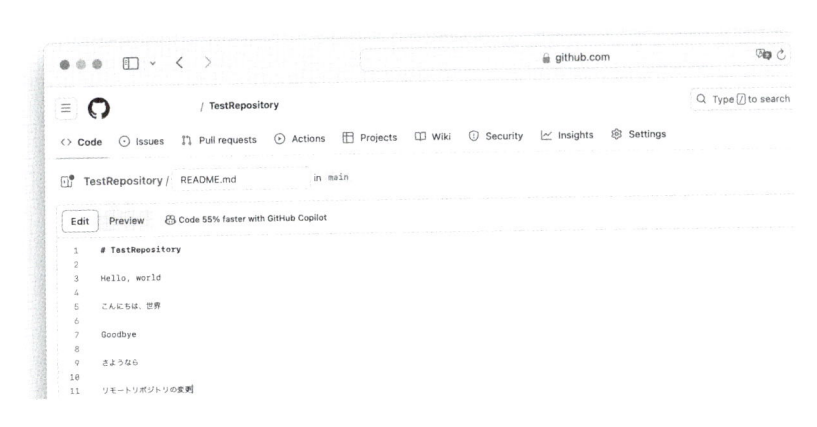

[Commit changes]ボタンでコミットを行う

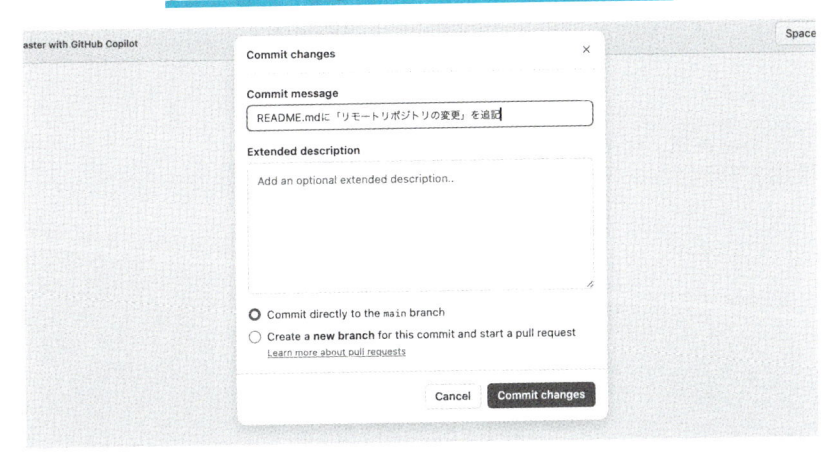

　続いて、PC上でも、README.mdに対して以下のような変更を行い、コミットします。

README.mdに「ローカルの変更」を追記

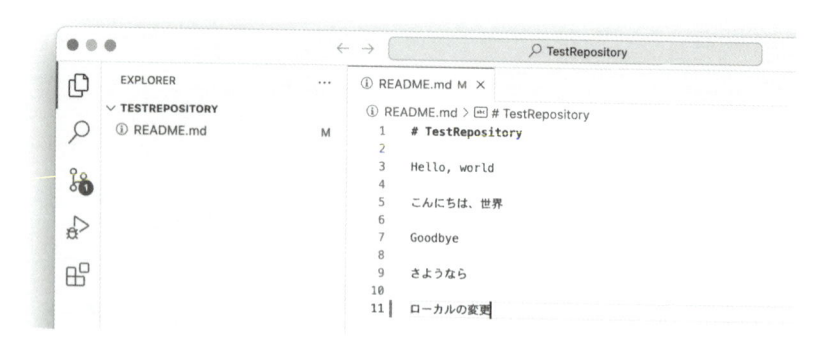

```
> git add README.md [Enter]    ← README.md をステージ
> git commit -m "README.mdに「ローカルの変更」を追記" [Enter]
[main 44629cc] README.mdに「ローカルの変更」を追記    ← コミット
 1 file changed, 2 insertions(+)
```

　この状態でプッシュを行うと、以下の実行結果のようなメッセージが表示され、失敗してしまいます。

```
> git push [Enter]    ← リモートリポジトリにプッシュ
To github.com: ユーザー名/TestRepository.git
 ! [rejected]        main -> main (fetch first)
error: failed to push some refs to 'github.com: ユーザー名/
TestRepository.git'    ← プッシュに失敗
hint: Updates were rejected because the remote contains work
that you do not
hint: have locally. This is usually caused by another repository
pushing to
hint: the same ref. If you want to integrate the remote changes,
use
```

hint: 'git pull' before pushing again.

hint: See the 'Note about fast-forwards' in 'git push --help' for details.

このような場合、フェッチやプルを行って、リモートリポジトリのブランチの状態を取得し、リモート追跡ブランチとPC上のブランチをマージしてコンフリクトを解消する必要があります。**git pull**コマンドを実行してみましょう。ただし、git pullコマンドでは、コンフリクトが発生する場合にフェッチのみ行うような設定もできるため、マージが行われるように、git configコマンドで設定を行っておく必要があります。

```
> git config --global pull.rebase false Enter ──→ グローバル設定の
                                                    「pull.rebase」に
                                                    false を設定
> git pull Enter ──→ 再度プルを実行する
remote: Enumerating objects: 5, done.
remote: Counting objects: 100% (5/5), done.
remote: Compressing objects: 100% (2/2), done.
remote: Total 3 (delta 1), reused 0 (delta 0), pack-reused 0
Unpacking objects: 100% (3/3), 757 bytes ¦ 189.00 KiB/s, done.
From github.com:ユーザー名/TestRepository
 5e996fd..e491e09  main     -> origin/main
Auto-merging README.md
CONFLICT (content): Merge conflict in README.md
Automatic merge failed; fix conflicts and then commit the result.
                                      ↑ マージ時にコンフリクト発生
```

README.mdの状態を確認してみると、コンフリクトが発生した状態になっていることが確認できます。

README.mdでコンフリクトが発生している

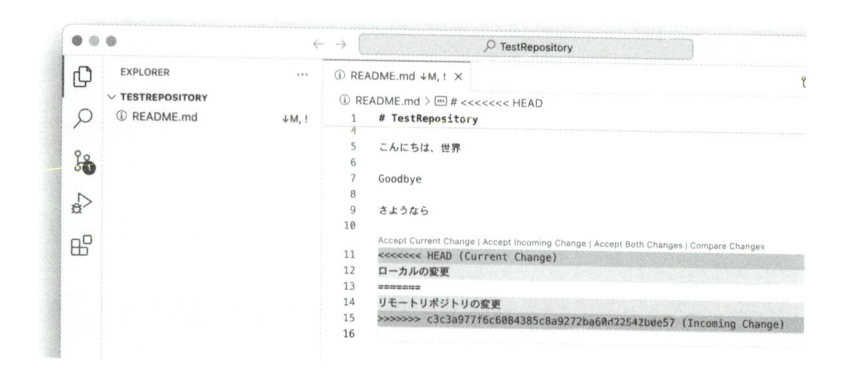

　ここでは、GitHub上で行った変更と、PC上で行った変更の両方を取り込んでコンフリクトを解消し、コミットを行います。以下のようにREADME.mdの編集と、コミットを行ってください。

両方の変更を取り込んで、コンフリクトを解消

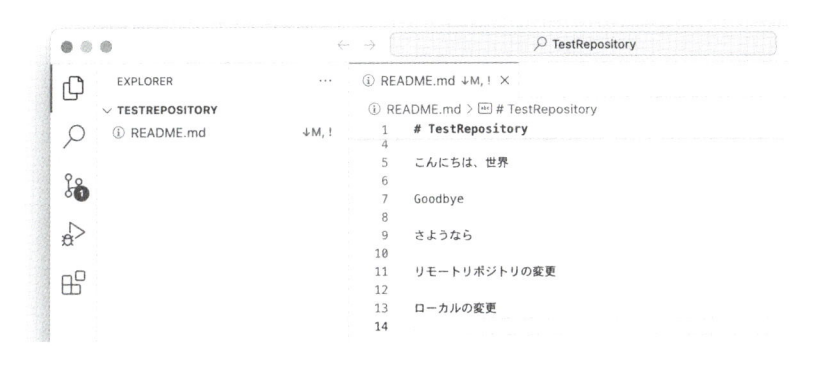

```
> git add README.md Enter    ←── README.md をステージ
> git commit -m "README.mdのコンフリクトを解消" Enter
[main 9dac3bf] README.mdのコンフリクトを解消        ←── コミット
```

　コンフリクトが解消できたら、改めてプッシュを行います。以下のコマンドを実行してください。

```
> git push Enter    ←── リモートリポジトリにプッシュ
Enumerating objects: 10, done.
Counting objects: 100% (10/10), done.
Delta compression using up to 8 threads
Compressing objects: 100% (4/4), done.
Writing objects: 100% (6/6), 645 bytes ¦ 322.00 KiB/s, done.
Total 6 (delta 2), reused 0 (delta 0), pack-reused 0 (from 0)
remote: Resolving deltas: 100% (2/2), completed with 1 local
object.
To github.com:ユーザー名/TestRepository.git
  e491e09..9dac3bf  main -> main
```

GitHub 上で README.md の状態を確認すると、マージした内容が反映されていることが確認できます。

プッシュした内容が反映された

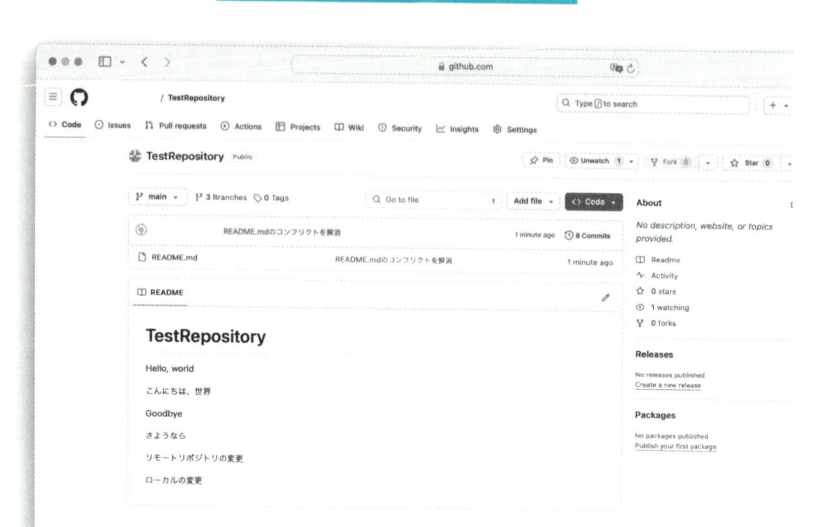

　プッシュ時にコンフリクトが発生した場合、基本的には、PC 上でコンフリクトを解消してから、改めてリモートリポジトリに反映する必要があるのですが、実は、PC 上の変更でリモートリポジトリの変更を強制的に上書きすることも可能です。リモートリポジトリを強制的に上書きさせるには、**git push** コマンドに **-f** オプションを付けて実行します。先ほどと同じように、GitHub 上と PC 上でそれぞれコミットを行い、リモートリポジトリを強制的に上書きしてみましょう。

README.mdに「リモートリポジトリの変更2」を追記

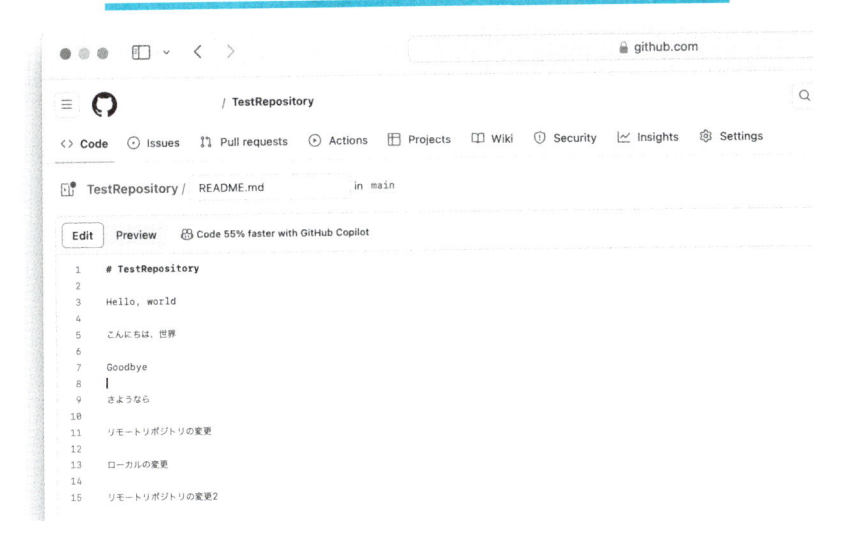

コミットメッセージを入力して
[Commit changes]ボタンをクリックする

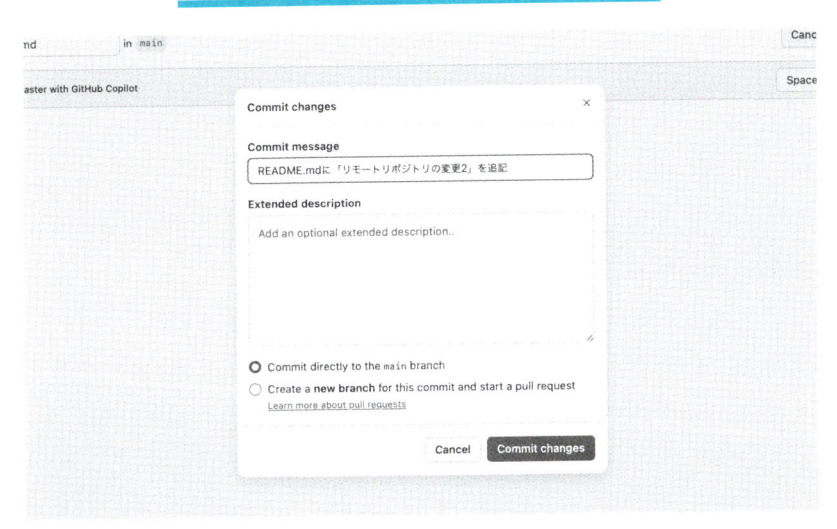

　続いて、PC上でも、README.mdに対して以下のような変更を行い、コミットします。

README.md に「ローカルの変更2」を追記

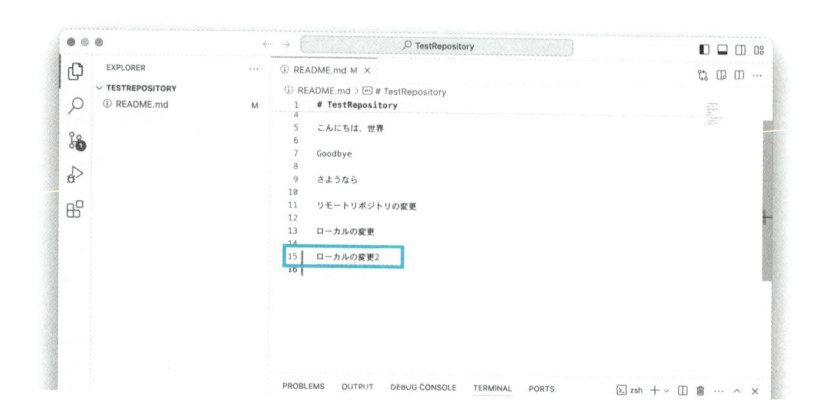

```
> git add README.md Enter   ←── README.md をステージ
> git commit -m "README.md に「ローカルの変更2」を追記" Enter
[main 98c6bf4] README.md に「ローカルの変更2」を追記   ←── コミット
 1 file changed, 2 insertions(+)
```

　それぞれのコミットができたら、**git push -f** コマンドを実行してみましょう。

```
> git push -f Enter   ←── リモートリポジトリに強制的にプッシュ
Enumerating objects: 17, done.
Counting objects: 100% (17/17), done.
Delta compression using up to 8 threads
Compressing objects: 100% (10/10), done.
Writing objects: 100% (15/15), 2.32 KiB ¦ 474.00 KiB/s, done.
Total 15 (delta 4), reused 0 (delta 0), pack-reused 0
remote: Resolving deltas: 100% (4/4), done.
To github.com: ユーザー名/TestRepository.git
 + 0f34414...1bfbbaa main -> main (forced update)
```

　GitHub上でREADME.mdの内容を確認してみると、GitHub上で行った変更が破棄され、PC上で行った変更が反映されています。また、変更履歴を確認してみると、GitHub上で行ったコミットがPC上で行ったコミットで上書きされていることが確認できます。

PC上の変更が反映された

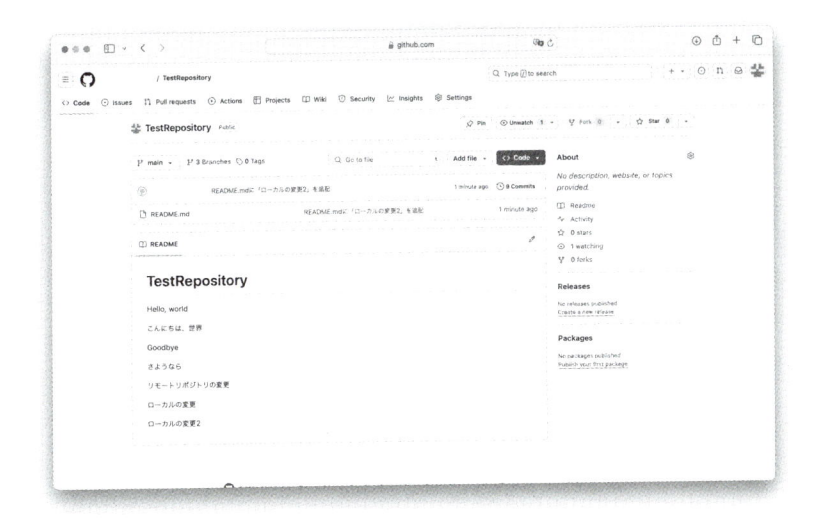

コミットが上書きされた

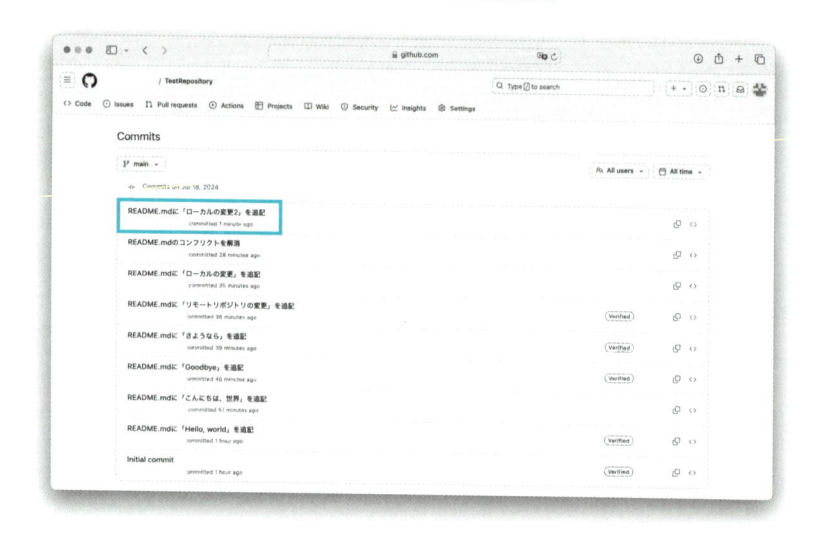

　このように**git push -f**コマンドを実行することで、強制的にリモートリポジトリを上書きすることが可能ですが、もし、他のユーザーとリモートリポジトリを共有している場合、そのユーザー側では、上書きする前の状態で別の作業を行っているかもしれません。その場合、今度はそのユーザー側で競合が発生してしまい、混乱を招く恐れがあります。従ってリモートリポジトリを共有する際には、安易に強制的な上書き操作は行わず、最初に行ったように、PC上でコンフリクトの解消をしてから、リモートリポジトリへ反映する必要があります。また、それぞれの作業ブランチや担当するファイルを分けるなど、コンフリクトを発生させないような運用を心がけることが大切です。

コンフリクトを発生させない
リポジトリの運用を心がけよう

プルが失敗してしまったときは

リモートリポジトリの変更を取り込む際にも、リモートリポジトリで変更されているファイルに対して、PC上で変更が加えられている場合に、コンフリクトが発生することがあります。PC上の変更がコミットされていない場合とコミットされている場合で対処方法が異なるため、順番に見ていきましょう。

プルの失敗

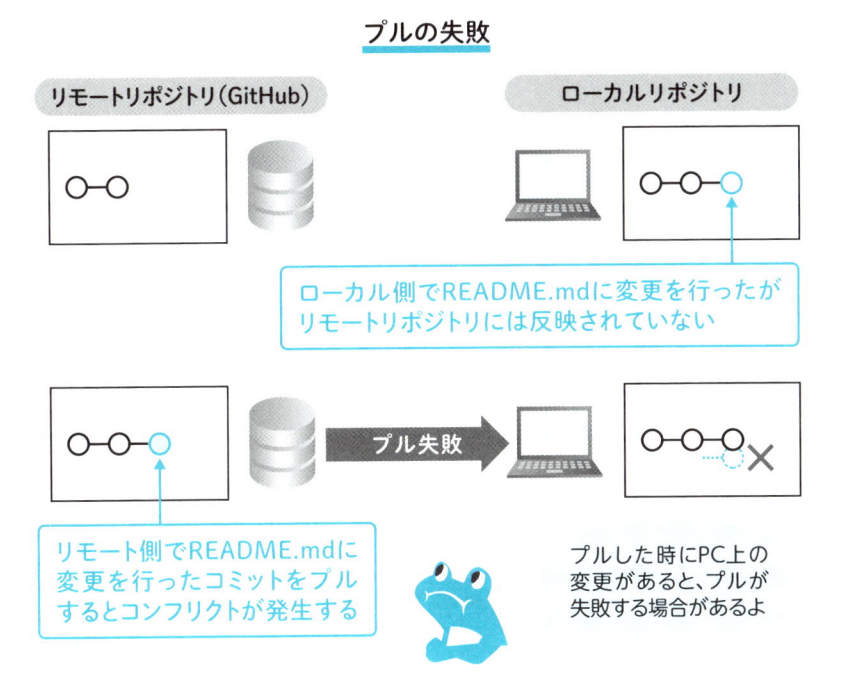

リモートリポジトリ（GitHub）　　　　ローカルリポジトリ

ローカル側でREADME.mdに変更を行ったが
リモートリポジトリには反映されていない

プル失敗

リモート側でREADME.mdに
変更を行ったコミットをプル
するとコンフリクトが発生する

プルした時にPC上の
変更があると、プルが
失敗する場合があるよ

まず、PC上の変更がコミットされていない場合です。まずは、GitHub上でREADME.mdに対して以下のような変更を行い、コミットします。

README.mdに「リモートリポジトリの変更2」を追記

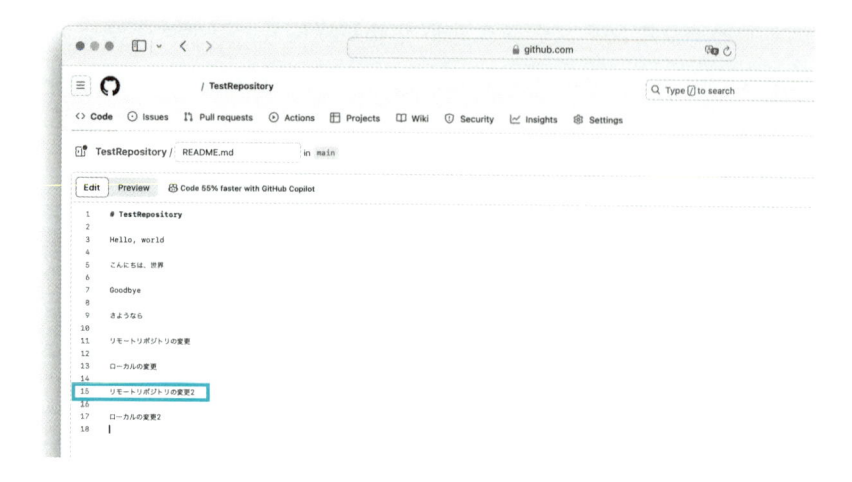

〔Commit changes〕ボタンでコミットを行う

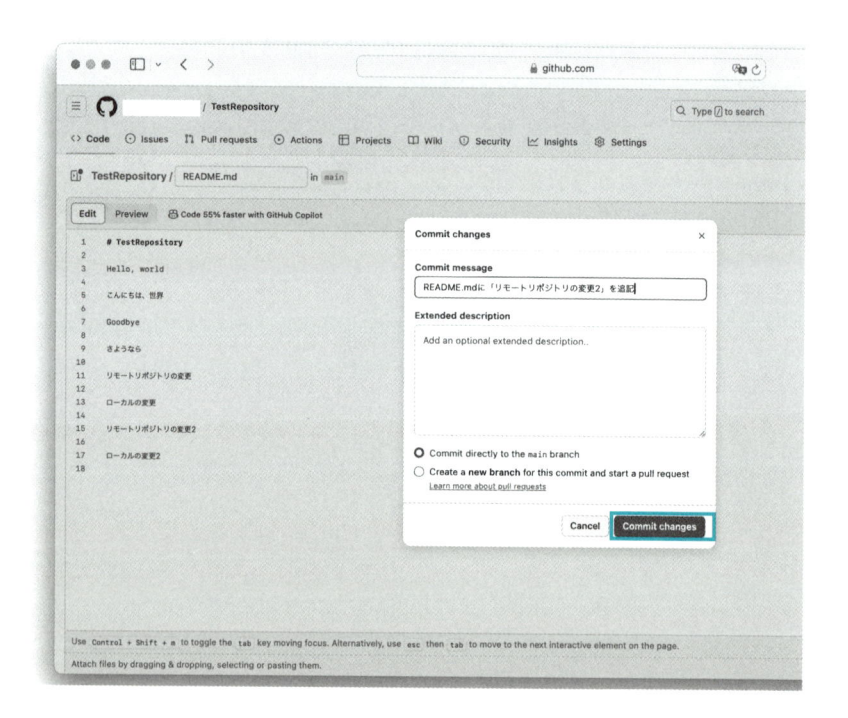

続いて、以下のように PC 上で README.md に変更を加えた状態で git pull コマンドを実行してみます。

README.md に「ローカルの変更3」を追記

> **git pull** Enter　←── リモートリポジトリの変更を取得して反映

remote: Enumerating objects: 5, done.

remote: Counting objects: 100% (5/5), done.

remote: Compressing objects: 100% (2/2), done.

remote: Total 3 (delta 1), reused 0 (delta 0), pack-reused 0

Unpacking objects: 100% (3/3), 736 bytes ¦ 184.00 KiB/s, done.

From github.com:ユーザー名/TestRepository

  1bfbbaa..4508f4c main   -> origin/main

Updating 1bfbbaa..4508f4c

error: Your local changes to the following files would be
overwritten by merge:

    README.md

Please commit your changes or stash them before you merge.

Aborting

PC上にコミットされていないREADME.mdへの変更がある状態でプルを行うと、実行結果のようなメッセージが表示され、失敗してしまいます。このような場合には、一度PC上の変更を無くした状態でプルを行う必要があります。変更を破棄することも考えられますが、後から変更を復元したい場合は、Chapter03（157ページ「変更を一時退避させる」参照）で解説した**git stash**コマンドを使用することができます。以下のコマンドを実行して、もう一度プルを行ってみましょう。今度はプルが成功すると思います。

```
> git stash Enter    ←── 変更を一時退避
Saved working directory and index state WIP on main: 1bfbbaa
README.mdに「ローカルの変更2」を追記
> git pull Enter    ←── リモートリポジトリの変更を取得して反映
Updating 1bfbbaa..4508f4c
Fast-forward
 README.md ¦ 4 +++-
 1 file changed, 3 insertions(+), 1 deletion(-)
```

　このように、PC上の変更がコミットされていない場合は、PC上の競合する変更を無くした状態でリモートリポジトリの変更を取り込んでから、もう一度変更を加え直す必要があります。

　先ほど退避していた変更は復元してコミットしておきましょう。

```
> git stash pop Enter    ←── スタッシュを復元する
> git add README.md Enter    ←── README.md をステージング
> git commit -m "README.mdに「ローカルの変更3」を追記" Enter
[main ea2ddfa] README.mdに「ローカルの変更3」を追記    ↖コミット
 1 file changed, 2 insertions(+)
```

次に、PC上の変更がコミットされている場合です。以下のように GitHub上でコミットを行います。

README.mdに「リモートリポジトリの変更3」を追記

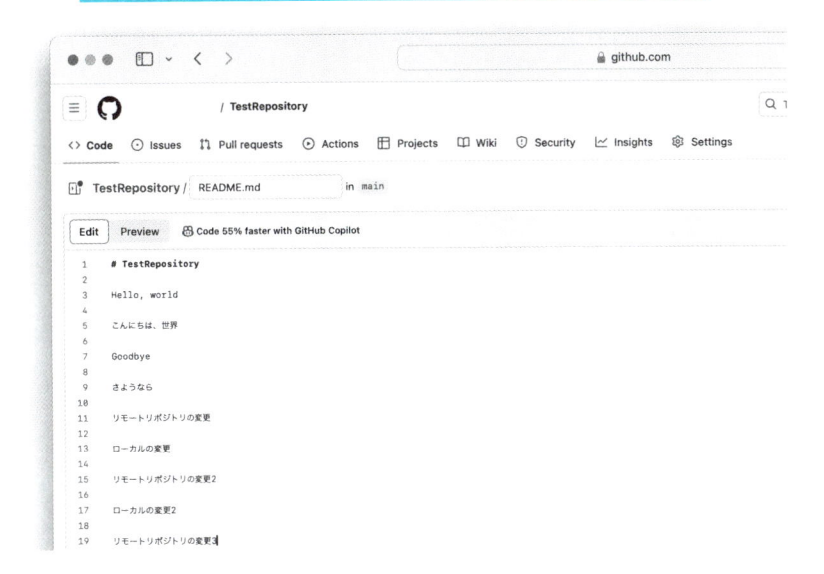

[Commit changes]ボタンでコミットを行う

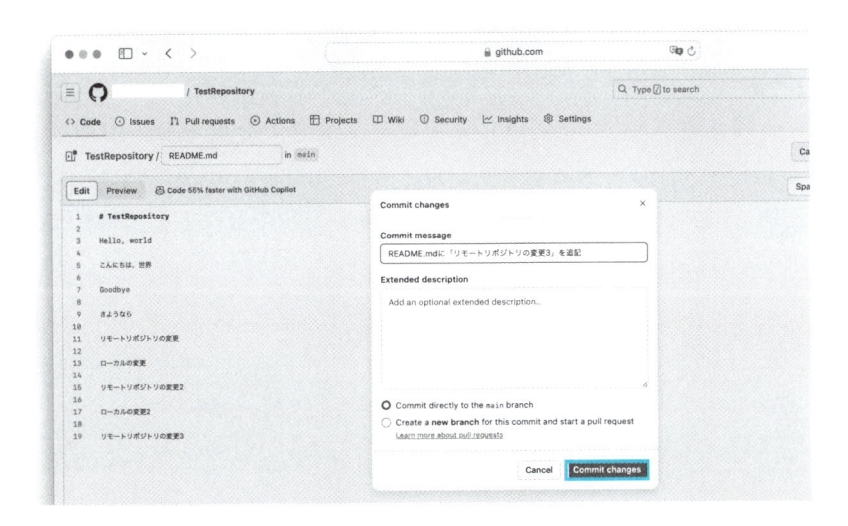

この状態でプルを行うと、リモート追跡ブランチとPC上のブランチのマージが行われますが、変更箇所が被っているため、コンフリクトが発生してしまいます。

> **git pull** Enter　←━━ リモートリポジトリの変更を取得して反映

コンフリクトが発生した

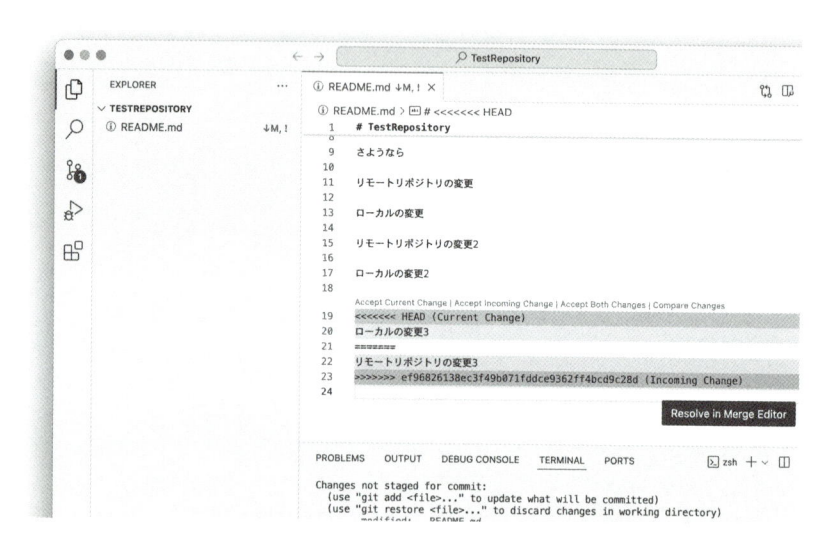

　このような場合には、PC上でコンフリクトを解消し、改めてコミットを行う必要があります。以下のようにGitHub上で行った変更とPC上で行った変更の両方を取り込み、コンフリクトを解消してコミットしましょう。

両方の変更を取り込んで、コンフリクトを解消

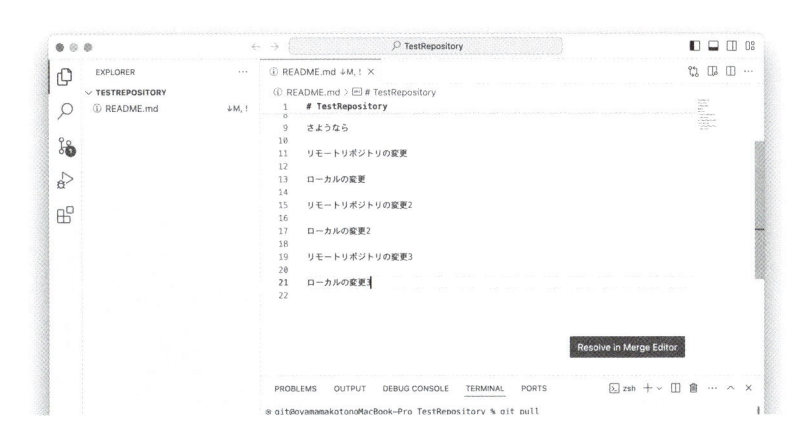

```
> git add README.md Enter   ◄── README.md をステージング
> git commit -m "ローカルの変更とリモートリポジトリの変更をマージ"
Enter   ◄── コミット
[main 21c945e] ローカルの変更とリモートリポジトリの変更をマージ
```

　これでリモートリポジトリの変更の取り込みが完了しましたが、このコミットはまだリモートリポジトリに反映されていないため、別途プッシュを行う必要があります。

```
> git push Enter   ◄── リモートリポジトリにプッシュ
Enumerating objects: 10, done.
Counting objects: 100% (10/10), done.
Delta compression using up to 8 threads
Compressing objects: 100% (4/4), done.
Writing objects: 100% (6/6), 655 bytes ¦ 327.00 KiB/s, done.
Total 6 (delta 2), reused 0 (delta 0), pack-reused 0 (from 0)
remote: Resolving deltas: 100% (2/2), completed with 1 local
object.
```

```
To github.com:ユーザー名/TestRepository.git
 80e0122..21c945e  main -> main
```

プッシュした内容が反映された

　ここまで、リモートリポジトリとの同期が失敗するケースについて見てきましたが、いずれの場合も、リモートリポジトリの変更とPC上の変更に競合があったことにより発生した問題でした。このような問題は、本来発生させないように管理することが望ましく、リポジトリの運用方法を工夫することで解決することが可能です。Chapter05では、今回見てきたような問題を発生させないために、実際のシステム開発の現場などで行われているリポジトリの運用方法について解説していきます。

\Column/

エンジニアの強い味方 GitHub Copilot

2022年にGitHubは有償型サブスクリプションサービスとして「GitHub Copilot」をリリースしました。「GitHub Copilot」ではAIによるコーディング提案を受けることができ、コードやコメントから続きとなるソースコードを自動で作成することができます。「IntelliJ IDEA」、「Android Studio」、「Visual Studio Code」、「Visual Studio」などの主要なIDE（様々な開発者用ツールがまとまったアプリケーション）にも対応しており、拡張機能として組み込むことが可能です。以下の画像は、「Visual Studio Code」で「GitHub Copilot」のコーディング提案を受けている様子です。

GitHub Copilotのコーディング提案の様子

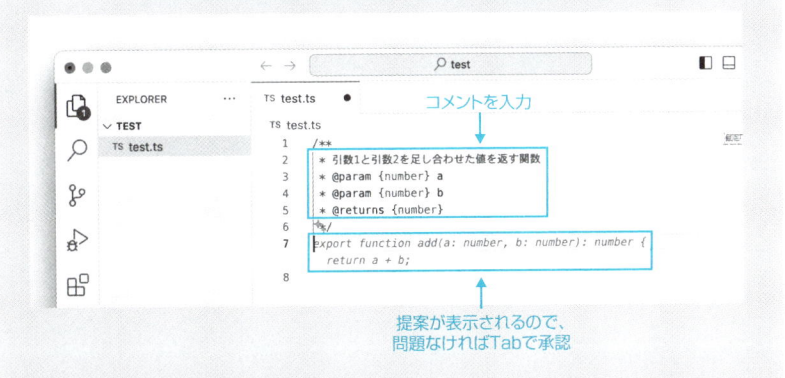

すでに多くの開発現場で導入されており、エンジニアの強い味方となっている「GitHub Copilot」ですが、自動生成されたソースコードの品質やライセンス侵害のリスクなどの課題も存在するため、導入の際にはコードレビューを徹底するなどの仕組みが必要です。

Chapter

05

開発現場での
Git/GitHubの
運用を体験してみよう

開発現場での Git/GitHub の運用方法を知ろう

 Git を使った開発の流れ（Git flow）

　ソフトウェアを一人で開発するときは、ブランチの作成のタイミングやブランチ名は開発者の好きに決めてしまって全く問題ないのですが、チームで一つのソフトウェアを開発するときには、それぞれのメンバーが「共通の運用ルール」なしに開発を進めてしまうと、コンフリクトの発生などリポジトリの内容に多くの不整合が生じ、その修正作業に多くの手間と時間がかかってしまうことになりかねません。

　そこで、ブランチを作成する方法やその利用方法について、あらかじめ開発チームのメンバー間で取り決めをしておくと、このような混乱を最小限に抑えて効率よく開発を行うことができます。このような開発の運用ルール（ここではワークフローと呼びます）のひとつに Git flow と呼ばれるものがあります。

　Git flow は、Vincent Driessen 氏により提唱された実践的なワークフローであり、現在も多くのプロジェクトにおいて Git flow をベースに開発が進められていますので、理解しておくとチームでの作業がしやすくなります。それでは、ここから Git flow で行われるワークフローについて学んでいきましょう。

　まずは、Git flow で使われるブランチの種類について理解しましょう。

💧 mainブランチ

GitHubでリポジトリを作成すると初めに作成されるブランチです。プロダクトとしてリリースされるコードを管理するブランチです。masterブランチとも呼ばれます。

💧 developブランチ

開発作業を行う本線となるブランチです。次のリリースのための最新のコードを管理します。ただし、通常はdevelopブランチ上ではなく、次に紹介するfeatureブランチ上で作業が行われます。

💧 featureブランチ

開発する機能ごとに作成されるブランチです。feature/xxxxのように機能ごとにブランチ名がつけられることが多いです。機能の開発が終わったらdevelopブランチにマージされてfeatureブランチは削除されます。

💧 releaseブランチ

developブランチをベースに作成されるリリースの最終準備を行う時に用いられるブランチです。リリースの準備が整ったらmainブランチにマージされます。

💧 hotfixブランチ

リリースされたブランチにおいて、すぐに解決されなければならない不具合があった場合に使われます。mainブランチをベースに作成され、不具合対応が終わったらmainブランチにマージされます。同時にdevelopブランチにもマージされる必要があります。

次に、各ブランチの使い方について解説します。

mainブランチは、リポジトリが作成されたときに初めに作成され

るブランチなのですが、Git flowではリリースされたコードを管理するために使用するため、通常はこのブランチを使って開発作業を行うことはありません。開発作業は、mainブランチからdevelopブランチを作成して行います。developブランチでの開発が進んでリリースする準備が整ったら、developブランチをmainブランチにマージするというのが、最も基本的な流れです。このようにリリース用のブランチと開発用のブランチを分けることで、現在外部に対してリリースしているコードと開発中のコードを明確に分けて管理しやすくなります。mainブランチには外部に対してリリース済みのコード、developブランチには常に動作可能な最新のコードが入るように運用します。

mainブランチとdevelopブランチ

developブランチが「開発の本線」であることをおさえておこう!

複数人で手分けして同時に開発作業するような複雑な開発を行う場合には、featureブランチが使われます。developブランチから、開発する各機能ごとにfeatureブランチを分岐させ、その中で個別に開発作業を進めます。featureブランチのブランチ名は、他の開発者が作るブランチと重複しないように、「feature/<機能名>」(例、

feature/user_manage）のような名前をつけます。

　開発者はfeatureブランチの中でそれぞれの機能の開発とバグフィックスを行い、動作の確認が終わったらdevelopブランチにマージします。マージが完了したらfeatureブランチは不要となるので削除します。このように機能ごとに開発作業を行うことにより、他の開発者の作業との競合を少なくすることができます。

featureブランチ

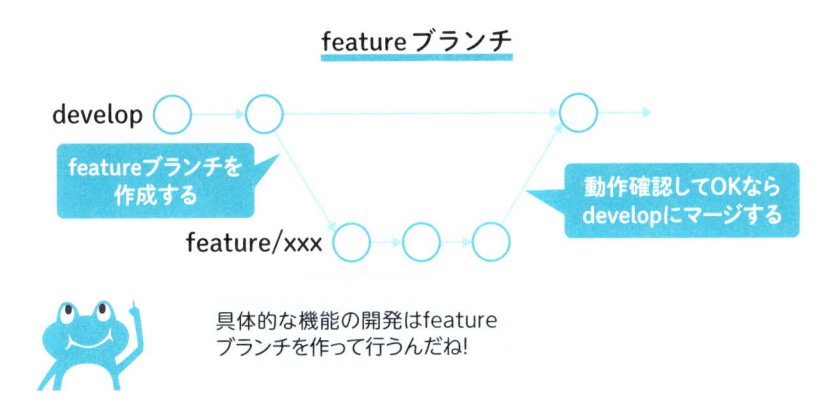

具体的な機能の開発はfeatureブランチを作って行うんだね!

　developブランチでの開発が完了し、ソフトウェアをリリースする段階になった時に、バグフィックスやドキュメントの修正、バージョン番号の振り直しなど、リリースの最終調整を行わなければならないことがあります。このような場合は、リリース準備のためのreleaseブランチを作成します。releaseブランチの中では、小規模なバグ修正などのリリースに向けた最終調整のみを行い、大きな機能の追加などの開発作業は行いません。releaseブランチでの作業が完了したら、mainブランチにマージしてコードを外部にリリースします。また、releaseブランチの中で行ったバグやドキュメントの修正は、修正漏れが起こらないようにdevelopブランチにもマージします。

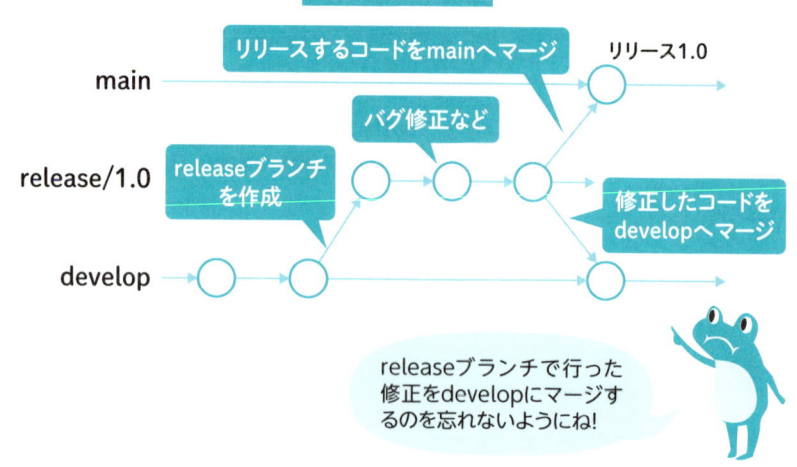

releaseブランチ

hotfixブランチは、ソフトウェアをリリースした後で緊急的に不具合を修正してリリースし直さなけばならないときに使用されます。一般的にソフトウェアの修正は、安定性や他のプログラムへの影響がないか等十分にテストされてから行われますが、セキュリティ上の不具合があった場合などは、修正されたソフトウェア（これをホットフィックスと呼びます）がなるべく早くユーザーに届くようにしなければなりません。hotfixブランチはこのような場合に使用されます。hotfixブランチは、リリースしているmainブランチから直接作成され、hotfixのリリースとともにmainブランチにマージされます。また、hotfixブランチをdevelopブランチにもマージすることにより、開発ブランチにも同じ修正を適用することができます。マージ作業が終わったらhotfixブランチは削除します。

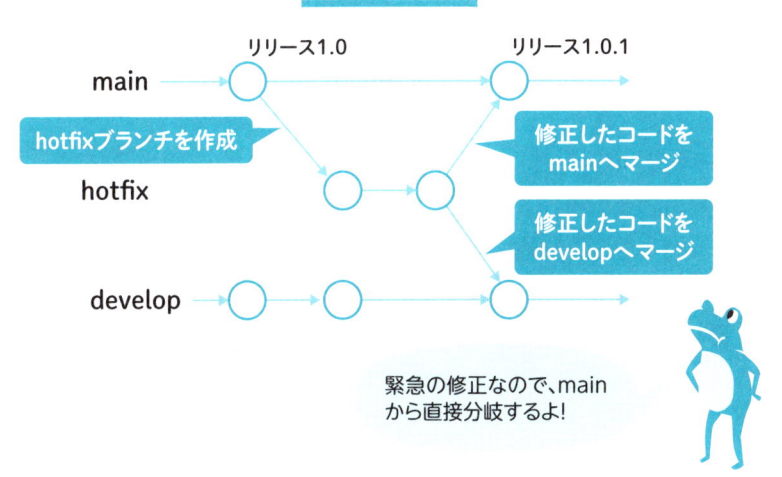

以上が、Git flow でのワークフローとなります。概念的な説明でイメージを掴むのが難しかったかもしれません。5-2節では、実際に手を動かしてGit flow を使った開発を体験します。

GitHubを使ったチーム開発の流れ（GitHub flow）

ソフトウェアの開発でよく使われるワークフローには、Git flow の他にも「GitHub flow」というものがあります。GitHub flow は、「GitHub」の開発で使用されているワークフローでもあります。GitHub flow は一日のうちに複数回デプロイを行う Web アプリケーションの開発に適しています。

ここでは簡単にGitHub flow の開発の流れを Git flow と比較しながら見てみましょう。

【GitHub flow を使った開発の主な流れ】

・main ブランチの内容はいつでもデプロイ可能なようにしておきます。

・GitHub flow では、Git flow のように develop ブランチ、feature ブランチ、hotfix ブランチのような用途別のブランチはなく、すべてのブランチは、main から作成されます。

・開発用のブランチには、説明的な名前をつけて作成します。また、他のメンバーからも作業の様子がわかるようにローカルでコミットしたものを定期的にリモートにプッシュします。

・ブランチをマージするときにプルリクエストを作成します。プルリクエストは、他者のレビューを受けて OK ならば main にマージされます。マージが終わったプルリクエストはクローズされます。

GitHub flow の流れ

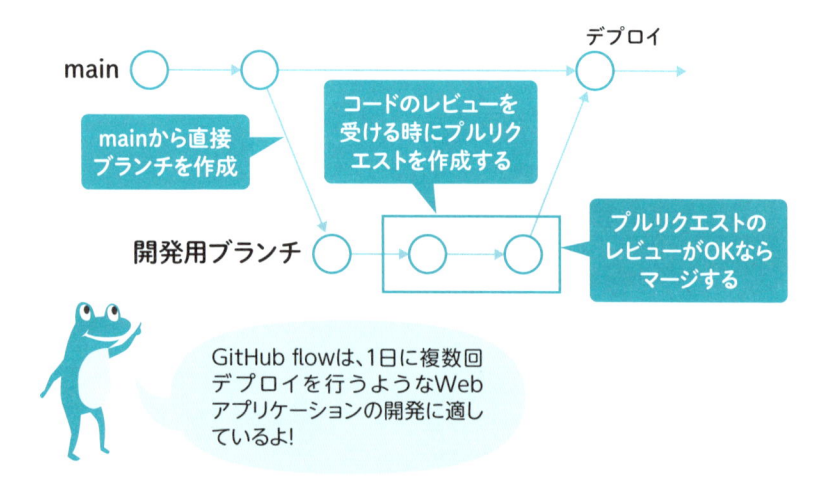

 **チーム開発の準備**

　このようにGit flow/ GitHub flowを用いた開発では、ブランチ名や、その使い方のルールを決めることによりチーム開発での混乱を最小限にし、スムーズな開発を可能にしています。ただし、どちらのワークフローも絶対に守らなければならない「厳密な規則」ではありません。実際の開発現場では、Git flowやGitHub flowをそのチームの状況に合わせて柔軟に調整しながら運用しています。

　それでは次の節では実際にGit flowを使った開発を実践してみましょう。ここでは、Git flowをベースに、マージする時にはGitHub flowのプルリクエストとレビューの仕組みを使ったプロジェクトを想定することにします。

チーム開発の流れを シミュレーションしてみよう

 Webページを作ってみよう！

　この節では、チームでの開発を想定して実際にWebページを作成しながら、Git flowを使った開発を実践してみましょう。一部GitHub flowのプルリクエストのフローも使うことにします。これまでの章で出てきたgitのコマンドの復習も行っていきます。

　一般的にWebページを作成する場合は、HTML「ハイパーテキスト・マークアップ・ランゲージ（Hyper Text Markup Language）」というWebページ作成のための言語を使う場合が多いですが、今回はGitHubのREADMEでおなじみのMarkdown形式を使ってWebページを作成するので、HTMLの書き方は知らなくても全く問題ありません。

　ここでは、GitHubから提供されているホスティングサービスである「GitHub Pages」の機能を使って、次の図に示すような、写真やハイパーリンク（クリックすると別のページにジャンプできるリンク）を含むページの作成を目指します。

作成するWebページの完成イメージ

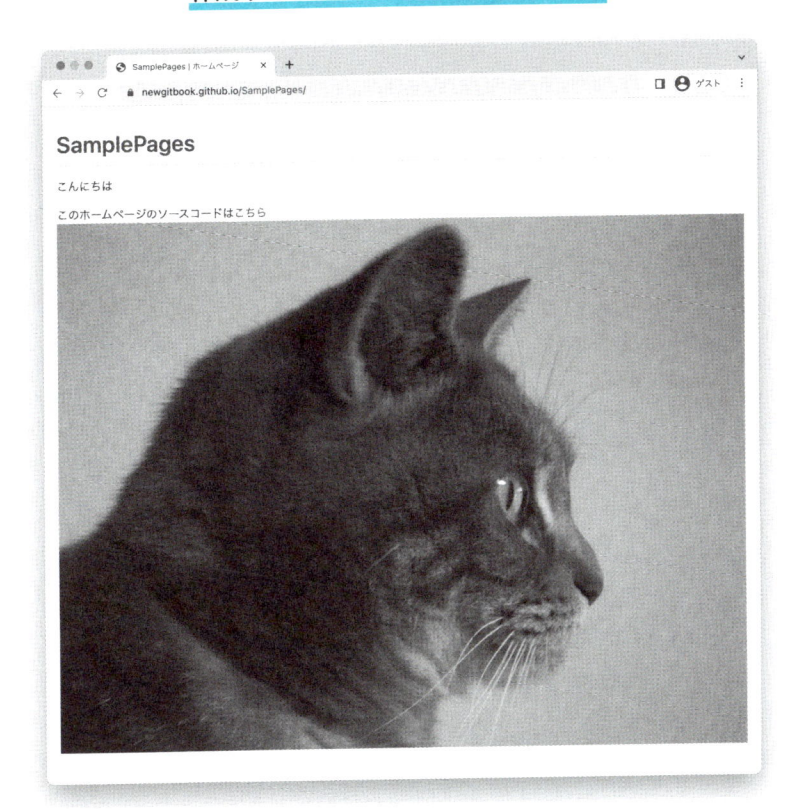

作成したページとソースコードは、
本当に世界に公開されるよ！

GitHub Pagesを使ってWebページを公開する

　それでは実際にGitHub PagesにWebページを用意するところから
はじめましょう。指定したURLにブラウザでアクセスすると「こん
にちは」と表示されるだけのシンプルなページを作成してリリースしま

す。

　まずは、Chapter04で作ったユーザーアカウントで、GitHubにログインします。ここでは、GitHubのアカウント名を「newgitbook」で作成したとして説明をします。ログインができたら、公開用のリポジトリを新規に作成します。リポジトリの作成は、GitHubのトップページから［New］ボタンをクリックしてはじめることができます。

リポジトリの作成画面

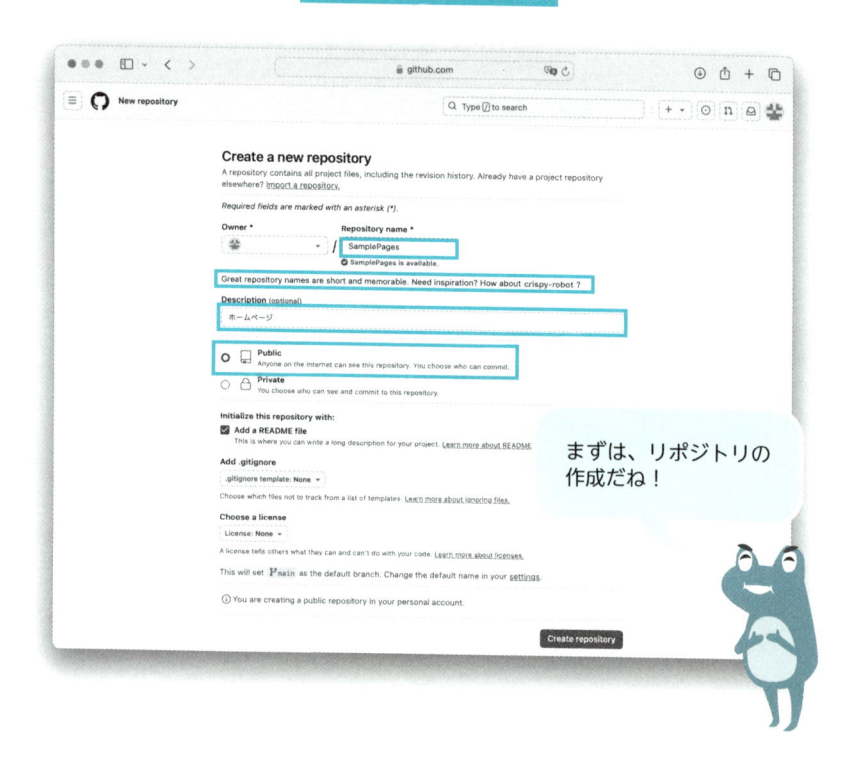

　作成するリポジトリの名前は何でもOKですが、ここで指定したリポジトリ名は以下のようにWebページのURLの一部となります。

【WebページのURL】
　https://{アカウント名}.github.io/{リポジトリ名}

　たとえば、アカウント名が「user01234」、リポジトリ名が「MyPages」だとすると、公開URLはhttps://user01234.github.io/MyPagesとなります。また、リポジトリ名としてアカウント名と同じ名前をつけた場合は、WebページのURLはhttps://{アカウント名}.github.ioとなります。

　ここでは、「SamplePages」という名前でリポジトリを作成することにします（リポジトリ名は後で変更することもできます）。

　「Description」のところにリポジトリの簡単な概要説明を書いておきましょう。

　次のPublic/Privateの指定ですが、無料版のGitHubアカウントでGitHub Pagesを利用する場合は必ず「Public」を指定する必要があります。

　また、「Add a README file」の項目にはチェックを入れてREADMEファイルを作成するようにしておきます（ここでの説明の都合上、空のリポジトリが作成されるのを避けるためです）。

　最後に、［Create repository］のボタンをクリックし、リポジトリを作成します。

リポジトリのホーム画面

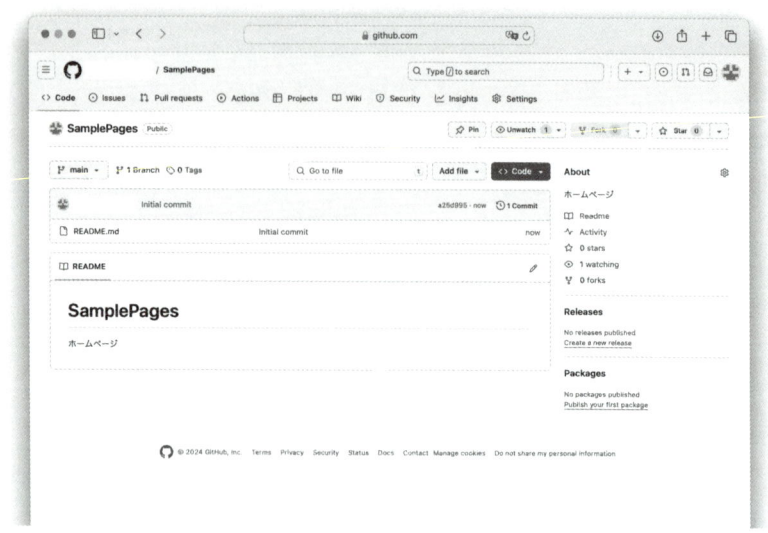

リポジトリができた！まだ、README.mdというファイルしかないね

　ここで作成されたリポジトリは、GitHub上にあるリモートリポジトリですから、ローカルのPC上で開発を行うにはリモートリポジトリからローカルリポジトリにコピーしてくる必要があります。

　リモートからローカルにコピーする時のコマンドは**git clone**でしたね。

```
> git clone git@github.com:{アカウント名}/SamplePages.git Enter
```
↑リポジトリのクローン

　これで、ローカルリポジトリへのコピーができました。今後はこ

のローカルリポジトリの中で編集を行い、リモートリポジトリに編集結果をプッシュしていきます。

　SamplePagesの ディレクトリ に 移動 し て から（> **cd Sample Pages** [Enter] ）、エディタでindex.mdというファイルを作成してください。GitHub Pagesでは、リポジトリにindex.mdという名前のファイルを追加するだけで、Webページの作成ができます。中身は何でも良いのですが、ここでは一言「こんにちは」と表示させてみましょう。index.md ファイルの中に一行「こんにちは」と追加して保存します。

index.md ファイルの内容

```
こんにちは
```

　編集ができたらここまでの結果をリモートリポジトリにプッシュして実際にWebページとして表示できるかどうか試してみます。まずは現在のリポジトリの状態を表示させてみましょう。ローカルリポジトリの現在の状態を確認するときは**git status**コマンドを使います。

```
> git status [Enter]　◀── リポジトリの状態を確認

On branch main
Your branch is up to date with 'origin/main'.

Untracked files:
  (use "git add <file>..." to include in what will be committed)
        index.md

nothing added to commit but untracked files present (use "git
add" to track)
```

git が管理しているフォルダに index.md が追加されていますが、まだステージングもコミットもされていない状態だとわかります。index.md ファイルをステージングしてからコミットしましょう。**git add** と **git commit** コマンドを使います。

```
> git add index.md Enter     ←── index.md をステージ
> git commit -m "first commit" Enter     ←── コミット
```

ここで、もう一度リポジトリの状態を表示させてみましょう。

```
> git status Enter     ←── リポジトリの状態を確認
On branch main
Your branch is ahead of 'origin/main' by 1 commit.
 (use "git push" to publish your local commits)

nothing to commit, working tree clean
```

今度はコミットされていることが確認できたので、リモートリポジトリにプッシュを行います。現在はまだブランチの作成を行っていないので、main ブランチのままですので、このままプッシュします。

```
> git push Enter     ←── リモートリポジトリにプッシュ
```

これで、リモートリポジトリが更新され Web ページをリリースする準備ができました。

次に、GitHub Pages でページを公開する作業を行います。この作業はリポジトリの作成後一度だけ行います。GitHub Pages の設定は、

リポジトリのメインページで［Settings］ボタンをクリックしリポジトリの設定画面を表示させてから、左側の「Code and automation」のセクションメニューでPagesの設定画面を表示させます。

Settingsを選択する

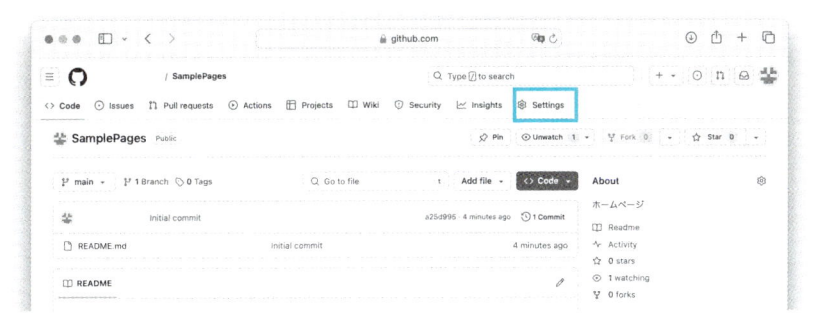

Git Pagesの公開設定は
Settingsボタンから！

　Pagesの設定画面では以下を選択していきます。リポジトリの特定のブランチから直接Webページを生成することを指定するため、Build and deploymentの中の「Source」の項目では、Deploy from a branchを選択します。「Build and deployment」の項目では、「どのブランチ」の「どのパス」からWebページを生成するかを設定します。ここでは、mainと/(root)を指定しましょう。以上の設定ができたら、［Save］ボタンをクリックして設定を保存します。Pagesの設定はこれで完了です。

GitHub Pages の公開設定を行う

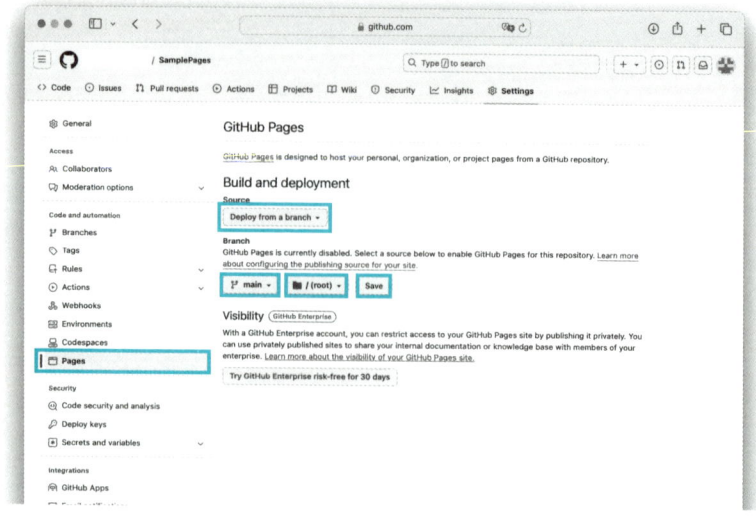

これで、Webページの
公開の準備はバッチリ！

　設定完了後（または、mainブランチの更新後）GitHubはWebペー
ジの生成を行います。生成が終了し、Webページが公開されるまで
に1分程度かかることがあります。現在の状態はリポジトリのメイ
ン画面のステータス表示で確認することができます。

Pagesの公開状態を確認する

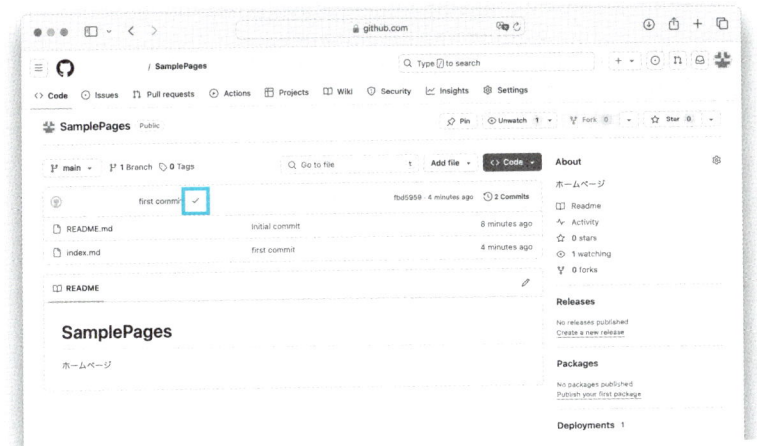

緑色のチェックマークが
表示されたら、OK！

　生成が完了したら、Webページを表示させてみましょう。Web
ページのURLは以下のルールで決まります。ブラウザで以下のペー
ジを開いてみましょう。

【WebページのURL】
　https://{アカウント名}.github.io/{リポジトリ名}

　または、再度リポジトリのSettings画面からPagesの設定画面
を選択し、GitHub Pagesの枠の中にあるURLをクリックするか、
[Visit site]ボタンをクリックすることにより作成したページにジャ
ンプすることができます。ページタイトルの後に、「こんにちは」の
表示が確認できればOKです。

自分のホームページが作れたよ。ここからいろいろな情報を追加していこう！

管理者

開発の方針を決める

さて、これでGit/GitHubで管理しながらWebページを開発していく準備が整いました。ここからは、実際のチーム開発の場面で使われるGit flowのステップを一つずつ確認しながらWebページの開発を行ってみましょう。

現在は、タイトルの下に「こんにちは」と表示されるだけの非常にシンプルなページとなっています。もっといろいろな情報を載せて楽しいページにするために、ここでは次のような2つの目標を掲げることにしましょう。

（目標1）Webページに写真を表示すること
（目標2）Webページに別のページにジャンプできるようなリンクを埋め込むこと

　もし、すべてを一人で作業する場合には、とりあえず「目標1」を完了させてから「目標2」に取り組めばよいでしょう。しかし、「目標1」と「目標2」は、それぞれ独立した目標でどちらから先に手をつけても問題がなさそうです。このような場合では、「目標1」の作業はAさんに、「目標2」の作業はBさんにお願いするというように、作業ごとに人を割り当ててそれぞれの作業を並行して進めてもらうことが可能です。このように複数人で作業すれば、一人で作業するよりもずっと短い期間で全体の作業を終えることができます。これが、チームで開発を行う最大のメリットです。

一人でやるより、みんなでやったほうが
早く終わらせることができるよね！

Aさん

でも、みんなで同時に作業したら、作業
と作業がぶつかって混乱したりしない？

Bさん

誰かの作業が他の人の作業を邪魔しないように、共通のルールが必要そうだね……

管理者

　ただし、複数の人が一つのコードを同時に編集するようなことを行うと、混乱が生じる可能性があります。5-1節では、このような混乱を避けるためのワークフローであるGit flowについて紹介したので、今回のプロジェクトに当てはめて開発作業を行ってみましょう。5-1節では説明しませんでしたが、必要な作業の見える化のためにGitHubの機能である「Issue」の管理機能も使ってみましょう。

Git flowを使った開発の流れは以下のとおりです。

1. リリース用のブランチ（main）と開発用のブランチ（develop）をわける。
2. 目標を「課題（Issue）」に分けて見える化する。
3. それぞれの課題を、人（開発者）に割り当てる。
4. それぞれの開発者がIssueを解決する開発を行う。
5. Issueが解決されたら、開発用のブランチに統合する。
6. 開発用のブランチを動作確認し、リリース用のブランチに統合する。

　それでは、この流れに沿ってチームでのWebページの開発を行っていきましょう。ここでは、「リポジトリの管理者」、「実際にコードの開発を行うAさん」、「同じく開発者のBさん」の3人を登場させます。

　自分の頭の中で、「この作業はリポジトリ管理者の作業」「この作業はAさんの作業」というように役割分担を演じるイメージで作業を行うと、チーム開発のイメージが掴めると思います。

【役割分担】
・リポジトリの管理者 - Aさん、Bさんに仕事（課題）を割り当てる。Aさん、Bさんの行った作業を確認してWebページを更新する責任者
・開発者Aさん - 管理者から割り当てられた仕事をこなす
・開発者Bさん - 管理者から割り当てられた仕事をこなす

［管理者の作業］開発用ブランチを作る

　まず、現在はリリース用のmainブランチしかないので、開発用の
ブランチを作成しておきます。mainブランチは、現在公開している
Webページのソースコードを保存しておくためです。リリース前の
開発中のコードは、mainブランチとは分けて管理するのが一般的で
す。開発用のブランチは「develop」や「dev」などの名前がつけられ
ることが多いです。リリース用のブランチ（mainブランチ）から、開
発用のブランチを派生させます。これまではgit branchで新規ブラン
チを作り、その後チェックアウトするという2つのコマンドを入力し
ていましたが、ブランチ作成からチェックアウトまで一気にできる
コマンド（git checkout -b develop）を使ってみましょう。

　プロジェクトのルートディレクトリ（SamplePages）に移動して、
以下のコマンドを実行します。

> git checkout -b develop Enter　←── developブランチを作成して
　　　　　　　　　　　　　　　　　　　　チェックアウト

　まだなんの変更も行っていませんが、チームの他のメンバーも
developブランチを使用できるようにするためにdevelopブランチを
リモートにプッシュしておきましょう。特定のブランチをリモート
リポジトリにプッシュする場合は、**git push origin {ブランチ名}**と
いうコマンドを使います。

> git push origin develop Enter　←── developブランチを
　　　　　　　　　　　　　　　　　　　リモートリポジトリにプッシュ

　これで開発用のブランチが作成できました。
　また、ここで作成したdevelopブランチはこのリポジトリの本線
となるブランチなので、リポジトリのデフォルトブランチとして

設定しておくと便利です。リポジトリのメイン画面から、Setting を選択し、次に、左側の「Code and automation」のセクションから Branches を選択します。ここの「Default branch」の項目で「develop」を指定しておきましょう。

［管理者の作業］課題(Issue) を作成する

GitHubでは一つ一つの行わなければならない作業項目を「課題(Issue)」として管理する機能があります。

Issueを作成するには、リポジトリのメインページから「Issues」をクリックします。

IssuesをクリックするとこのリポジトリのIssueの管理画面が開きます。現在のIssueの状況（何が終わっていて何が終わっていないか）を一覧で確認することができます。この画面で［New issue］をクリックして新規のIssueを作成します。ここでは、まず「ホームページに写真を貼りつける」というIssueを作成します。具体的なIssueの内容は、開発する人に具体的な内容がわかるように記述しましょう。内容を記載したら、［Submit new issue］を押してIssueを登録します。

Issuesをクリック

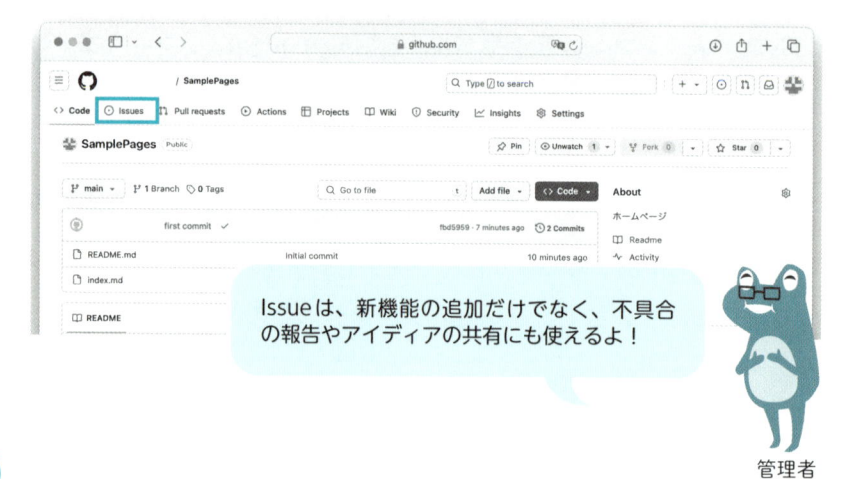

Issueは、新機能の追加だけでなく、不具合の報告やアイディアの共有にも使えるよ！

管理者

Issueの新規作成

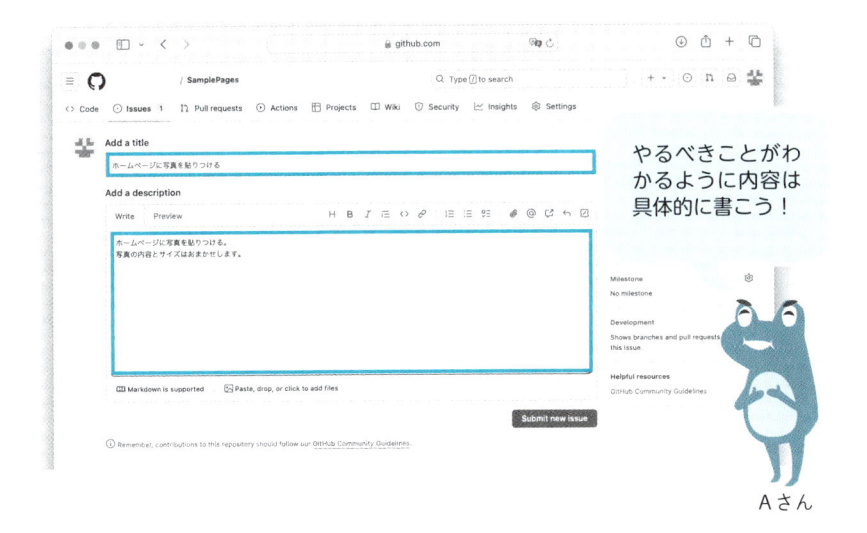

やるべきことがわかるように内容は具体的に書こう！

Aさん

同様に、もう一つのIssue「ホームページにリンクを埋め込む」というIssueも作成しましょう。

これで2つのIssueが登録されました。

Issueの管理画面

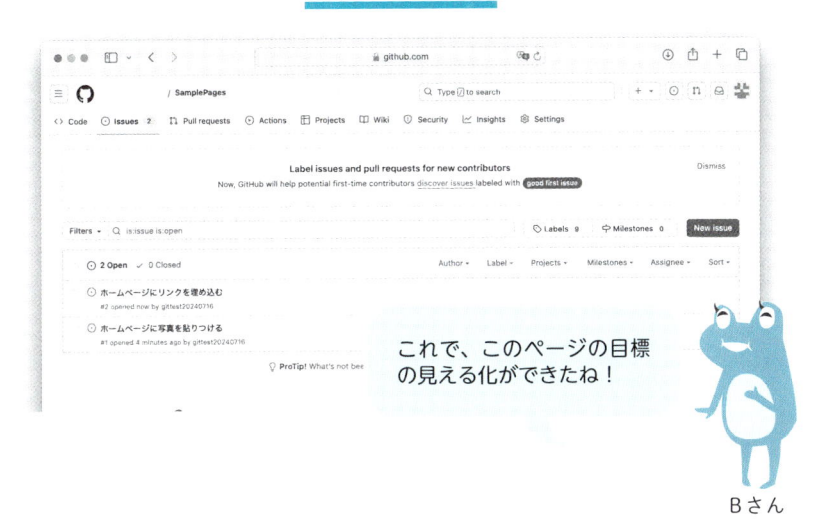

これで、このページの目標の見える化ができたね！

Bさん

［Aさんの作業］課題用のブランチを作成する

　それでは、ここからは具体的なIssueの解決に取り掛かっていきましょう。1つ目の課題は、「ホームページに写真を貼りつける」というものですね。そして、この課題はAさんに割り当てられたとします。Issueを割り当てられたAさんはどうすれば良いでしょうか？
ここからはAさんの作業を順を追って見ていきましょう。一つのアカウントでAさんの作業を体験する場合は、すでにdevelopブランチは作成済みだと思いますので、次の**git clone**と**git checkout develop**はスキップしてください。

　リポジトリを**git clone**して自分のPCのローカルリポジトリにコピーします。

> **git clone git@github.com:{アカウント名}/SamplePages.git** Enter

↑リポジトリのクローン

　次に、リポジトリのホームディレクトリに移動してから、開発用のdevelopブランチをチェックアウトします。

> **cd SamplePages** Enter　←── リポジトリのディレクトリに移動
> **git checkout develop** Enter　←── develop ブランチにチェックアウト

　すでに、作成済みのブランチをチェックアウトするだけなので、ここでは**-b**をつけません。

　この次に行うのは、課題「ホームページに写真を貼りつける」ためのブランチの作成です。

> **git checkout -b feature/picture** Enter

↑feature/picture ブランチを作成してチェックアウト

　新規ブランチの作成なので、**git checkout -b**を使います。これで課題用のブランチが作成できました。このように課題ごとにブランチを作成し、その中で作業を行うことにより、この修正を何のために行ったのかが明確にわかるようになります。

　さて、ここからは実際のコードの編集作業になります。Markdownでは、写真などの画像を埋め込むときは次のように記述します。

```
![alt用テキスト]（画像のURL）
```

　「alt用テキスト」とは、画像のファイルが見つからなかったときに代わりに表示されるテキストのことです。「画像のURL」は、「https://sample.com/img/dog.png」のようにインターネット上のファイルを指定しても良いですし、対象となる画像ファイルをindex.mdファイルと同じリポジトリの中に入れておいて、相対パスで記述してもOKです。ここでは、後者の方法で行ってみましょう。

　好きな画像ファイル（.jpgファイルや.pngファイルなど画像であれば何でも良いです）をindex.mdがあるディレクトリにコピーしておきます。ここでは、猫の画像（cat.jpg）を使うことにしました。

　そして、index.mdファイルを次のように編集しましょう。

```
こんにちは
![猫の画像]（./cat.jpg）
```

　以上でコードの修正作業は完了です。本来であれば、コードの編集作業が終わったら正しくページが表示されるかなどのコードの動作確認を行います。ただし、今回は紙面の都合上動作確認については省略します。ファイル名や記号の書き方に間違いが無いかだけ確認しておいてください。

[Aさんの作業] 課題を修正してプッシュする

　ここまでの変更をコミットしてリモートリポジトリにプッシュしましょう。まずは変更をステージングします。**git add {ファイル名}** という書き方で一つ一つのファイルを指定してもよいのですが、**git add .** と書くと、カレントディレクトリのすべてのファイルの変更を（ファイルの追加や削除も含めて）一気に行うことができるので便利です。以下のコマンドでindex.mdとcat.jpgが一度にステージングされます。

> git add . `Enter` ◀─── すべてのファイルをステージ

　次にコミットとプッシュを行います。

> git commit -m "ホームページに画像を貼り付ける" `Enter` ◀─── コミット
> git push origin feature/picture `Enter` ◀─── リモートリポジトリにプッシュ

 ## [Aさんの作業] 修正内容の確認を依頼する（プルリクエスト）

　Aさんが行うべきコードの修正が終わったので、最後にプルリクエスト（pull request）を作成します。プルリクエストは、「コードが完成したので、developブランチへのマージをお願いします」という意味で行います。

　プルリクエストの作成はGitHubのリポジトリのメインページから行います。ブランチをプッシュした直後に出てくる [Compare & pull request] のボタンをクリックするか、または、ブランチの選択で「feature/picture」を選択してから、「Contribute」を選び「Open pull request」を選択することでもプルリクエストの作成を開始できます。

Aさんのプルリクエストの作成

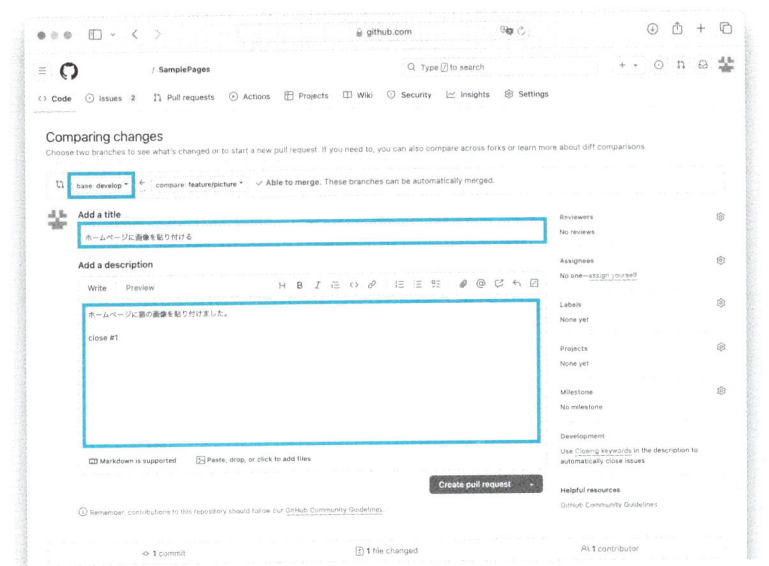

管理者さん、レビュー
をおねがいしまっす！

Aさん

　pull requestの作成画面では、今回改変したコードのマージ
先のブランチを、「base:」のところで指定します。ここでは、
「base:develop」を指定します。次に、プルリクエストの名前とその
下に修正内容を示すコメントを記載します。また、このコメント欄
には対応するIssueとのリンクを記載することができます。コメン
ト欄で、「close #」まで入力すると、自動的に現在Openされている
Issueが表示されるので、対応するIssueを選択すると、プルリクエ
ストにIssueへのリンクが付加されます。リンクが付加されたプルリ

クエストがマージされると、対応するIssueもクローズされるので便利です。

　コメントを書いてから「Create pull request」をクリックします。あとは、リポジトリの管理者が変更内容を確認し、問題がなければ今回の変更内容はdevelopブランチにマージされます。

　これでAさんの作業は完了です。

　ここまでのAさんが行った作業内容をまとめておきます。

1. リポジトリをcloneしてくる。
2. developブランチに移行する。
3. 課題に対するfeatureブランチを作成する。
4. コード作成を作成する。
5. 変更をコミットしてリモートリポジトリにプッシュする。
6. プルリクエストを作成して提出する。
7. プルリクエストが承認されると、変更がdevelopブランチにマージされて終了。

［Bさんの作業］ブランチの作成からプルリクエストまで

　続いてもう一つの課題を担当するBさんの作業も行っていきましょう。

　BさんもAさんと同じく、リポジトリのクローンし、developブランチに切り替えるところからスタートします（developブランチの作成が終わっていれば、**developブランチに切り替えてから**featureブランチの作成を行ってください）。

AさんとBさんの作業を一人で行う場合は次のページの3行の実行は飛ばしてね！

管理者

```
> git clone git@github.com:{ユーザ名}/SamplePages.git Enter
                                              ↑リポジトリのクローン

> cd SamplePages Enter ← リポジトリのディレクトリに移動
> git checkout develop Enter ← developブランチにチェックアウト
```

Bさんの課題「ホームページにリンクを貼り付ける」に対するブランチを作成します。

```
> git checkout -b feature/addlink Enter
              ↑ feature/addlink ブランチを作成してチェックアウト
```

作業用のブランチを作成したので、このブランチの中で修正作業を行っていきます。Markdownにおいて別のページにジャンプするためのリンクを埋め込むときには以下のように記述します（画像埋め込みの時とは異なり先頭に「!」マークがないことに注意してください）。

```
[タイトル](リンク先のURL)
```

index.mdのファイルに、https://github.com/{アカウント名}/SamplePages/ にジャンプするリンクを追加するとこのような形になります。この例では、「このホームページのソースコードはこちら」の「こちら」のところが青く表示され、そこをクリックすると目的のページにジャンプすることができるようになります。

```
こんにちは

このホームページのソースコードは[こちら](https://github.
com//{アカウント名}/SamplePages/)
```

【注】上記の{アカウント名}のところは、適宜ご自分のアカウント名に置き換えてください。例：https://github.com//newgitbook/SamplePages/

ここで、先程のＡさんが作業した画像を埋め込むコードは、まだindex.mdの中には入っていないことに注目しておいてください。Ｂさんの作業のベースとなるdevelopブランチのコードには、Ａさんが行った作業の結果はまだマージされていません。

　以上で、Ｂさんのコード作成の作業が完了しました。ここでも動作確認は省略するので、URL等記載に間違いが無いか確認してください。修正が完了したので、コミットとプッシュを行います。

```
> git add . Enter  ←── すべてのファイルをステージ
> git commit -m "ホームページにリンクを埋め込む" Enter  ←── コミット
> git push origin feature/addlink Enter  ←── リモートリポジトリにプッシュ
```

　Ｂさんとしての作業の最後にプルリクエストを作成します。

　GitHubのリポジトリから「Compare & pull request」のボタンを押してプルリクエストの作成画面を開いてください。

　プルリクエストの作成画面で、今回改変したコードのマージ先のブランチに「base:develop」を指定するのを忘れないようにしてください。プルリクエストの名前とコメントを記述したら「Create pull request」をクリックします。

Bさんのプルリクエストの作成

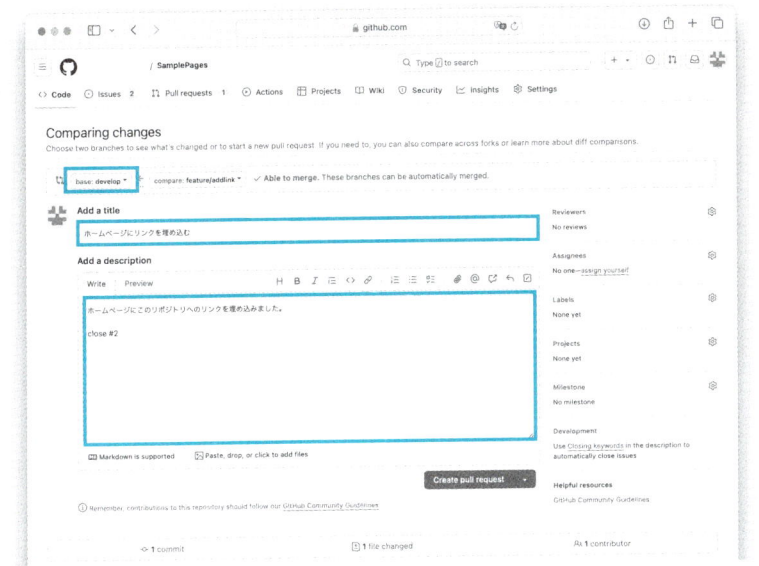

こっちもできました！確認おねがいしまっす！

Bさん

　今回は、簡単なWebページの編集を行う例でGit flowの作業の流れを確認しましたが、もっと複雑なプログラムのコードであっても作業の流れは同じです。

［管理者の作業］修正内容を確認する

　プルリクエストが登録されると、リポジトリ画面の「Pull requests」の右側に数字が表示されます。［Pull request］の部分をクリックしてプルリクエストの管理画面を表示させましょう。リポジ

トリの管理者は、現在登録されているプルリクエストをひとつひとつ確認し、developブランチにマージして問題ないかどうか判断します。

　ここでは、「ホームページに画像を貼り付ける」の項目を選択して内容を確認してみます。個々のプルリクエストの管理画面のなかで、作成者にコメントを返してさらに修正を依頼したりすることもできますが、ここでは、そのまま問題なしとしてマージしましょう。プルリクエストの内容を承認してマージするには、［Merge pull request］のボタンをクリックし、最終確認として、［Confirm merge］をクリックします。

<h3 style="text-align:center">プルリクエストの確認</h3>

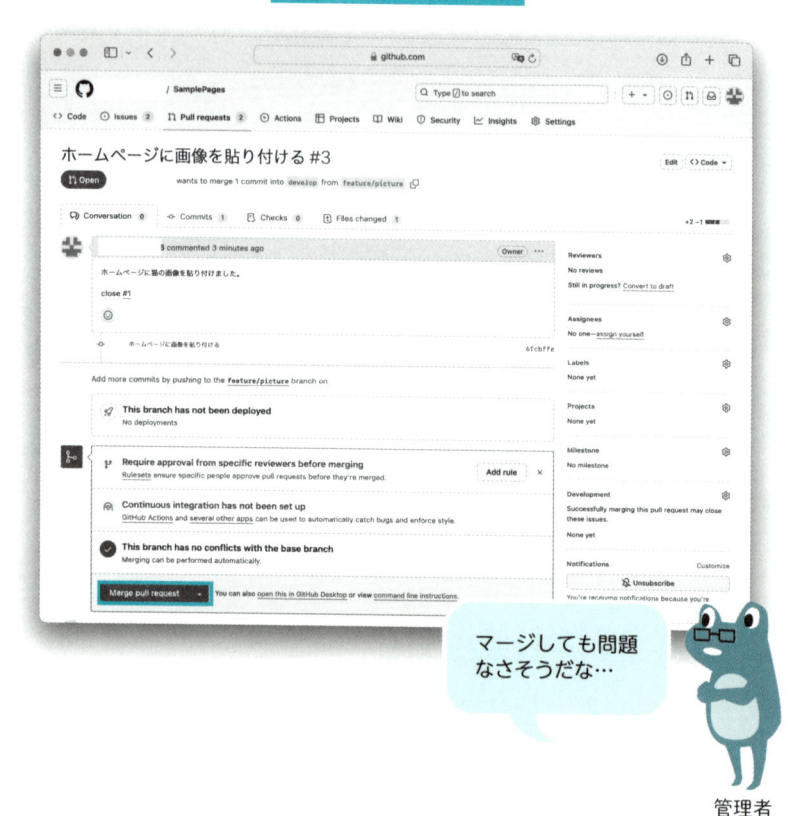

　マージが完了すると、マージ済みのブランチを削除するか確認が求められます。今回はもう必要ないので［Delete branch］を押してブランチを削除してしまいましょう。削除してしまったブランチも必要であればあとから復活（Restore branch）することもできます。

　これで、1件目のプルリクエストが処理できました。続いて2件目も同様にやってみます。

　プルリクエストの管理画面に戻り、「ホームページにリンクを埋め込む」のプルリクエスト項目を選択して開きます。

　今回も同様に内容を確認してからマージすればよいのですが、ここで、「This branch has conflicts that must be resolved」という表示が出てしまいました。「コンフリクトの解消をしないとマージができない」という意味です。ここでは、管理者が［Resolve conflicts］ボタンを押してConflictを解決しましょう。

コンフリクトの解消をしないとマージができない

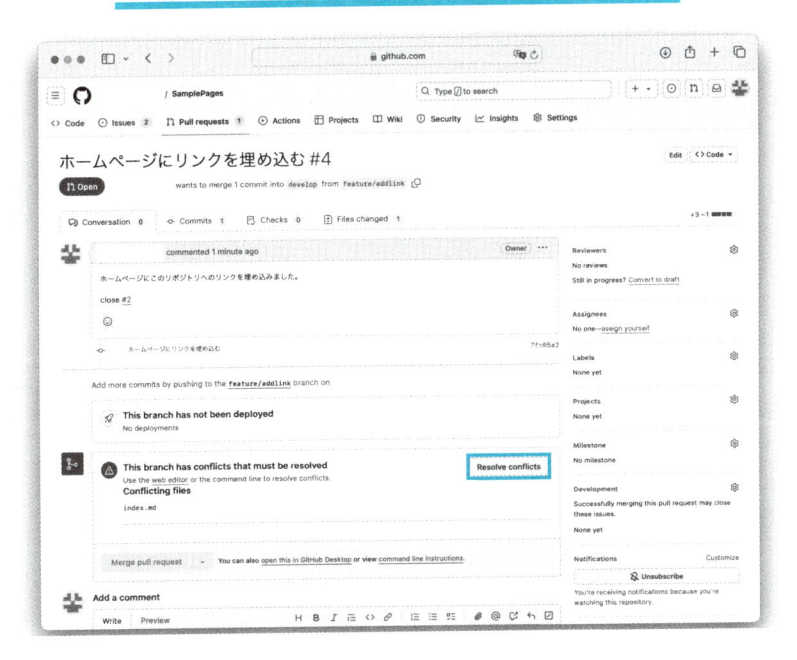

［Resolve Conflists］ボタンを押すと、コンフリクトが発生しており以下のように表示されています。

コンフリクトの内容

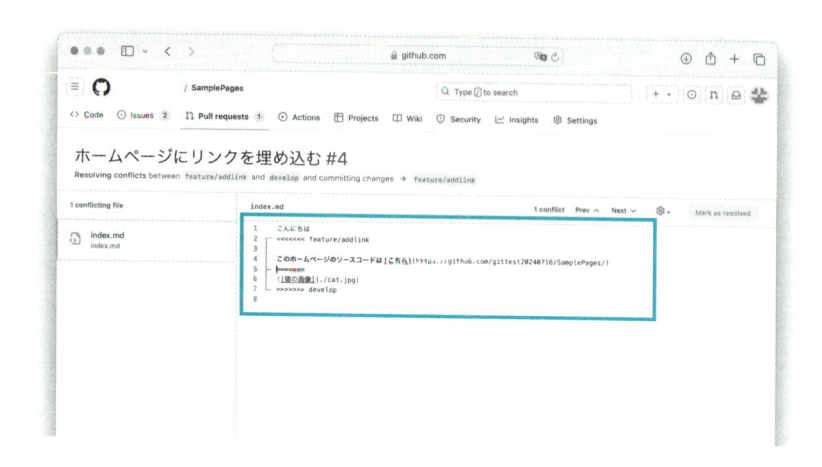

これは、feature/addlinkブランチで行った編集と、developブランチの内容が食い違いが発生しているようです。今回の場合どちらの行も残すべきなので、中身を次のように書き換えましょう。

こんにちは

このホームページのソースコードは［こちら］(https://github.com/{アカウント名}/SamplePages/)
![猫の画像](./cat.jpg)

編集が終わったら、［Mark as resolved］と［Commit merge］を押して、このコンフリクトの修正を終えます。コンフリクトの解決は最新のdevelopブランチで行われた修正をfeature/addlinkブランチにマージする方法で行われます。これが完了すると、最終的に

feature/addlinkブランチをdevelopブランチにマージすることができます。［Merge pull request］クリックし、［Confirm merge］を押してマージを完了させます。マージが完了したブランチは、［Delete branch］により削除してしまって構いません。

　これで2件のプルリクエストの処理が完了しました。

　マージが完了したので、初めに作成した2件の課題もクローズされているか確認してみましょう。Issueの管理画面に移動し、Issueが残っていたら対応するIssueをクリックして選択し、［close issue］を押して課題をクローズ（終了）させましょう。

Issueのクローズ

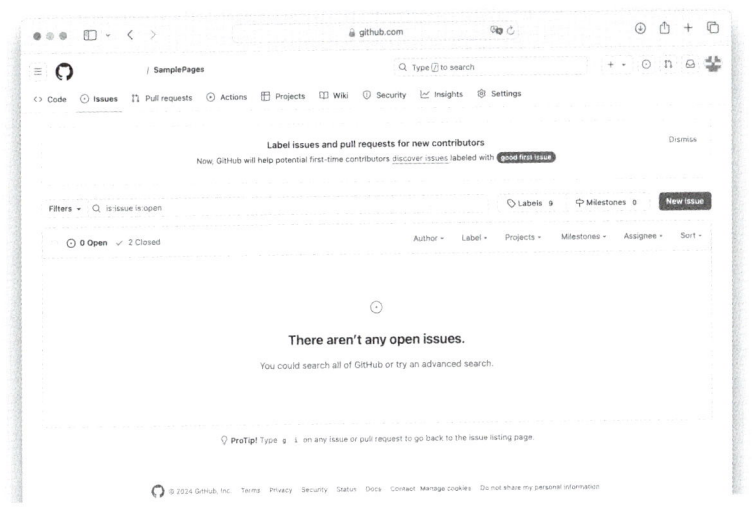

Aさん、Bさん、おつかれさまでした！

管理者

リリースを行う

　2つのプルリクエストのマージ作業が終わったら、コードの開発作業は完了したと言えますが、最後に開発したコードをリリースする作業が残っています。コードのリリースは、develop ブランチをmain ブランチにマージすることにより行います。ブランチのマージは、AさんBさんが行ったのと同様にプルリクエストの作成により行います。リポジトリのページから［Compare & pull request］を押して、develop ブランチを main ブランチにマージするためのプルリクエストを作成しましょう。あとから内容がわかるようにプルリクエストのタイトルと、変更内容を記載してプルリクエストを作成します。

リリースを行うプルリクエストの作成

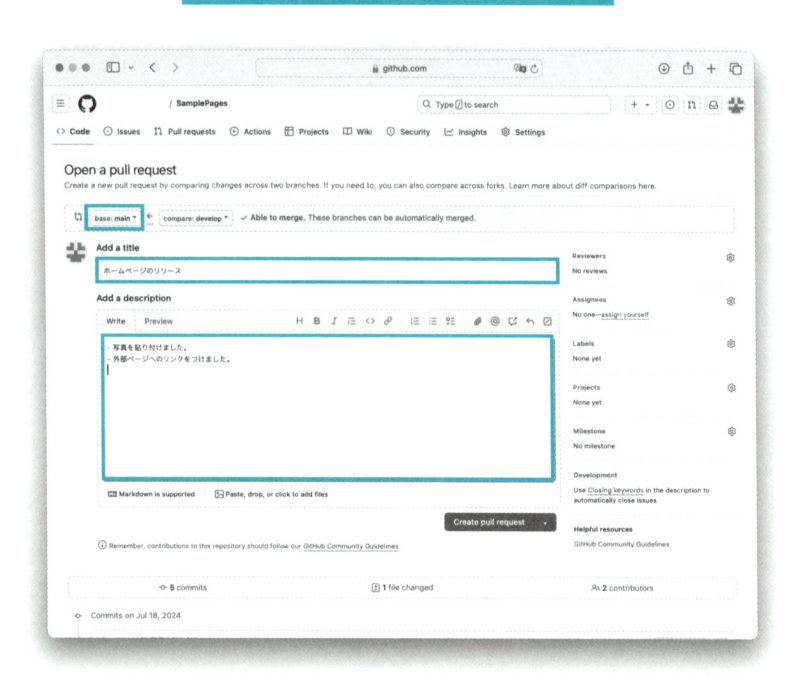

　そしてプルリクエストの内容を再度確認し、［Merge pull request］と［Confirm merge］を押します。

　これで、リリース作業はすべて完了です！

　リリースされたページをブラウザで表示させてみましょう。

　URLは、https://newgitbook.github.io/SamplePages/ でしたね。

完成したWebページ

うまくできたかな！？

管理者

ページを書き換えたにも関わらず表示される内容が更新前のままになってしまっている場合は、ブラウザのキャッシュに残っている古いデータが表示されてしまっているのかもしれません。このような場合は、次のいずれかの方法を試してみてください。

1. Shift キーを押しながらブラウザの更新ボタンをクリックする（スーパーリロードを行う）。
2. ブラウザのキャッシュをクリアする（キャッシュのクリア方法は各ブラウザにより異なります）。

　この節で行ったブランチ作成の流れをもう図で一度確認しておきましょう。

ブランチの流れ

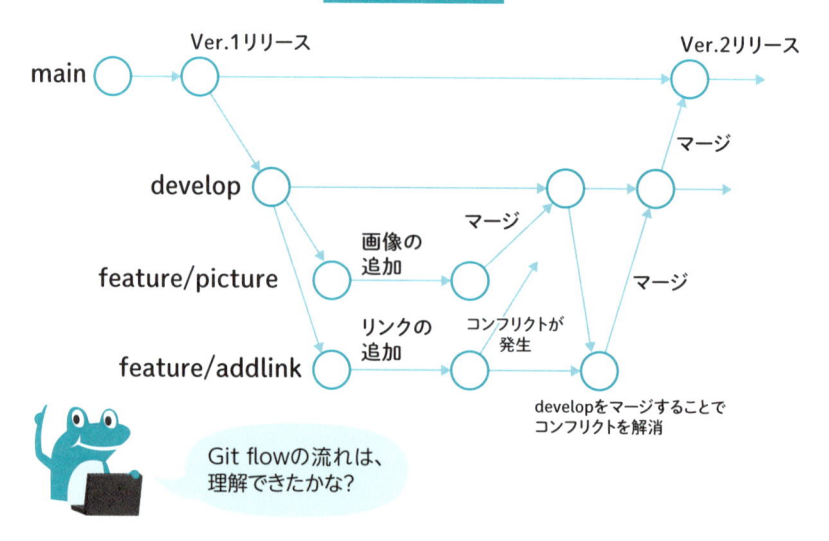

コマンド索引

(注) コマンド索引は、git の後の入力を示す。

用語索引

著者略歴

株式会社ストーンシステム

https://stonesystem.co.jp/

「ITで人にやさしい世界を創り出す」を理念とし、証券・FX・暗号資産システム開発、ショッピングモール型EC開発、タブレット型POSシステム開発、スマートデバイスアプリ開発、音楽フォントの開発・販売、楽譜販売、ITコンサルティング等のサービスを行う。1990年設立。

本書は、新規プロダクトの開発から新人教育まで幅広くの業務を行う「システム部」という部署のメンバー複数人により合同で執筆。

カバーイラスト　mammoth.

図解！　Git & GitHubの ツボとコツがゼッタイにわかる本 ［第2版］

発行日	2024年 10月 4日	第1版第1刷

著　者　株式会社ストーンシステム

発行者　斉藤　和邦
発行所　株式会社　秀和システム
　　　　〒135-0016
　　　　東京都江東区東陽2-4-2　新宮ビル2F
　　　　Tel 03-6264-3105（販売）　Fax 03-6264-3094
印刷所　三松堂印刷株式会社

©2024 Stone System　　　　　　　　Printed in Japan
ISBN978-4-7980-7347-7 C3055